Hansjörg Küster

Flora

Hansjörg Küster

Flora

Die ganze Welt der Pflanzen

C.H.Beck

Mit 9 Schwarz-Weiß-Abbildungen und 12 Abbildungen in Farbe

© Verlag C.H.Beck oHG, München 2022
www.chbeck.de
Umschlaggestaltung: Rothfos & Gabler, Hamburg
Umschlagabbildung: © grafvision/Shutterstock
Satz: Janß GmbH, Pfungstadt
Druck und Bindung: CPI – Ebner & Spiegel, Ulm
Gedruckt auf säurefreiem und alterungsbeständigem Papier
Printed in Germany
ISBN 978 3 406 78323 4

klimaneutral produziert
www.chbeck.de/nachhaltig

Inhalt

1
Geschöpfe ohne Willen

«Suchst du das Höchste, das Größte?
Die Pflanze kann es dich lehren:
Was sie willenlos ist, sei du es wollend – das ists!»

Friedrich Schiller

Pflanzliches Leben ist grundlegend für alle anderen Formen von Leben auf der Erde. 99,5 Prozent aller organischen Masse wurden von Pflanzen aufgebaut. Ein Leben auf der Erde ist möglich, wenn es dort keine Tiere, erst recht, wenn es dort keine Menschen gibt. Aber ein Leben auf der Erde ohne Pflanzen ist undenkbar. Sie allein sind dazu in der Lage, organische Substanzen aufzubauen, die von Tieren und Menschen als Nahrung aufgenommen werden können, sie geben lebensnotwendigen Sauerstoff in die Atmosphäre ab und haben, seitdem es Fotosynthese gibt, den Gehalt an Kohlenstoffdioxid in der Atmosphäre so weit verringert, dass sich das Leben in seinen wesentlichen Zügen unter geeigneten Temperaturbedingungen abspielen kann. Das ist – von Ausnahmen abgesehen – nur zwischen dem Gefrierpunkt und etwas über 40 Grad Celsius möglich. Im Eis können die meisten Lebewesen nicht existieren, weil sie dann kein Wasser erhalten – es ist ja gefroren. Bei Temperaturen von weit mehr als 40 Grad Celsius werden Eiweiße denaturiert, das heißt, sie verlieren ihre Struktur und Funktion. Es gibt nur ganz wenige Lebewesen, die bei höheren oder niedrigeren Temperaturen leben können. Es ist ein großer Zufall, dass sich derzeit eine so enge Spanne an Temperaturen auf unserem Planeten zur Entwicklung besonders vieler Formen von Leben nutzen lässt. Wasser hat dabei eine wichtige Funktion: Es erwärmt sich weniger rasch als die Atmosphäre, kühlt aber auch langsamer ab und trägt so zur Stabilisierung der Temperaturen bei. Im Wasser war das Temperaturintervall von null Grad Celsius bis etwas über 40 Grad Celsius früher erreicht als außerhalb davon. Das Leben entstand im Wasser. Es konnte sich erst dann auf das Land ausbreiten, als die im Meer lebenden Pflanzen genug Fotosynthese betrieben und genug Kohlenstoffdioxid abgebaut hatten und die Temperaturen auf ein für das Landleben geeignetes Niveau abgesunken waren.

Pflanzen treten uns in vielen Erscheinungsformen entgegen. Sie leben überall dort im Meer, wo noch genug Sonnenlicht ins Wasser eindringt. Sie leben auf dem Land, wo noch genug Regen auf die Erdoberfläche trifft. Sie leben als Einzeller im Wasser, als winzige Moose auf dem Land. Es gibt untermeerische «Wälder» aus Tang. Wälder, die diese Bezeichnung wirklich verdienen, weil sie Bäume enthalten, finden wir aber vor allem auf dem Land. Darunter sind immergrüne tropische Regenwälder, Laub abwerfende Wälder der gemäßigten Zonen und Nadelwälder im hohen Norden. Pflanzen sind unsere Nahrung, Menschen sammeln sie, bauen sie als Kulturpflanzen an. Auch die meisten Gewürze sind pflanzliche Produkte.

Pflanzen haben jedoch keineswegs immer einen materiellen Nutzen. Wir können uns an ihnen auch einfach erfreuen, selbst an unscheinbaren Gewächsen, die wir am Wegrand finden. Von bestimmten Pflanzen pflücken wir Blumensträuße, die wir als Stillleben auf den Tisch stellen. Sie betreiben noch Fotosynthese, nehmen Wasser auf, was wir daran merken, dass wir das Wasser in der Blumenvase nachfüllen müssen, aber sie sind doch − willenlos − dem Tod geweiht, weil ihnen die Wurzeln fehlen. Wir beobachten, wie sich die Rose entfaltet, an jedem Tag einen anderen Anblick bietet: die geschlossene Knospe, die sich öffnenden Blüten, die abfallenden Blütenblätter. Blumen haben symbolische Bedeutungen, man nimmt eine ungerade Zahl von Tulpen oder Rosen, um einen Strauß zu binden und ihn zu überreichen. Rote Nelken sind für viele Menschen die Blumen der Sozialisten, Seerosen bringt man nicht mit, weil das Unglück bedeutet. Dennoch wird die zentrale wichtige Bedeutung der Pflanzen von vielen Menschen nicht auf den ersten Blick wahrgenommen. Sie finden Tiere «interessanter». Pflanzen sind einfach «da», Tiere hingegen gilt es zu entdecken. Und sie scheinen so viel «lebendigere» Kreaturen zu sein als die Pflanzen. Im Grunde genommen aber leisten Tiere genau wie wir Menschen viel weniger als Pflanzen. Nur Pflanzen können über die Fotosynthese organische Stoffe aufbauen, aus dem Unsichtbaren sichtbare Materie schaffen. Tiere und Menschen sind auf die Syntheseleistung der Pflanzen angewiesen, um an Nahrung zu kommen.

Die Pflanzenwelt steht mit den drei wichtigsten Erdoberflächenprozessen, mit denen sich Geowissenschaftler befassen, in Verbindung. Der Kreislauf des Wassers als wichtigster dieser Prozesse wird von der Vegetation beeinflusst. Denn zusätzlich zu den Wassermengen, die von der Oberfläche des Landes und auch von den Oberflächen der Pflanzen verdunsten, geben Pflanzen weiteres Wasser ab. Neues Wasser steigt mit neuen Mineralstoffen aus dem Wurzelraum in die Blätter auf. Deswegen kann sich die Oberfläche von Blättern und Sprossen immer wieder abkühlen. Man nennt das Transpiration, ein Vorgang, der mit Verdunstung oder Evaporation (wörtlich: Dampfbildung) nichts zu tun hat. Auch Tiere geben Wasser ab, sie transpirieren ebenfalls oder schwitzen. Die Menge der Wasserabgabe durch Pflanzen ist erheblich größer als die von Tieren. Über bewachsenen Flächen bilden sich zusätzliche Wolken. Sie steigern auch die Regenmengen, die Pflanzen wie Tiere beleben.

Zweitwichtigster Erdoberflächenprozess ist die Fotosynthese, mit der die Pflanzen aus einfachen anorganischen Stoffen, Kohlenstoffdioxid und Wasser, unter Nutzung von Lichtenergie organische Substanzen herstellen. Ein großer Teil davon wird im Verlauf des drittwichtigsten Erdoberflächenprozesses, der Atmung oder Zellatmung, wieder abgebaut, und zwar möglicherweise bereits in der Pflanzenzelle, in der gleichen Zelle also, in der die Fotosynthese geleistet wird. Allerdings kann die Atmung niemals den gleichen Umfang wie die Fotosynthese erreichen, denn ein Teil der aufgebauten organischen Substanz wird für das Wachstum der Zelle und der gesamten Pflanze verwendet. Die Fotosyntheseleistung der grünen Teile der Pflanze muss dazu ausreichen, dass auch andere Pflanzenteile, etwa Wurzeln und Früchte, organische Substanz erhalten. Mit den Produkten der Fotosynthese bekommen genauso alle anderen Lebewesen, die keine grünen Pflanzen sind, ihre Nahrung, die Tiere also, die Pilze und auch viele Mikroorganismen. Wenn Tiere Fleisch fressen, muss auch dieses Fleisch ursprünglich einmal von organischer Substanz aufgebaut worden sein, die aus Fotosyntheseprodukten der Pflanze hervorgegangen ist.

Obwohl also die Bedeutung von Pflanzen ungleich größer ist als die von Tieren; obwohl es eine Welt aus Pflanzen und einigen Mikroorganismen geben kann, aber keine Welt, auf der ausschließlich Tiere leben; obwohl die von Pflanzen geleisteten stofflichen Umsetzungen erheblich größer sind und man sich allein von Pflanzen ernähren kann, ausschließlich von Tieren hingegen nur unter Schwierigkeiten; obwohl die Landschaft hauptsächlich durch Vegetation und nur zu einem kleinen Teil durch Tiere bestimmt wird – trotz alledem erfolgt der Zugang zur Biologie, der Wissenschaft vom Leben, für die meisten Menschen über Tiere. Tiere werden im Biologieunterricht meistens *vor* den Pflanzen behandelt. Tiere finden die meisten Menschen interessanter. Viel mehr Menschen gehen in den Zoo als in einen Botanischen Garten. Kinder bauen Nistkästen, um erste Naturerfahrungen zu sammeln, und legen viel seltener ein Herbarium an. Das ist «unlogisch», denn man befasst sich mit Organismen, die nicht ohne andere bestehen können, anstatt zuerst diejenigen Lebewesen zu besprechen, die an allem Anfang stehen. Und das sind die Pflanzen, nicht die Tiere.

Diese der Natur und der Evolution widersprechende Bevorzugung des tierischen Lebens hat weit zurückreichende Wurzeln. Laut dem biblischen Schöpfungsbericht nahm Gott sich für die Schöpfung der Pflanzen nur einen halben Tag Zeit, für die Schöpfung von Tieren und Menschen brauchte er hingegen zwei ganze Tage. Auch wenn man «Tage» hier nicht wörtlich als genau gleiche Zeitabschnitte von 24 Stunden Dauer auffassen muss, so währte doch die Erschaffung von Tieren und Menschen dem Schöpfungsmythos der Bibel nach viermal so lange wie die Erschaffung der Pflanzen. Tiere und Menschen wurden also als komplexer angesehen als die Pflanzen, die der Erde entsprossen. Dass das Leben aber mit der Schöpfung der Pflanzenwelt entstand und dass dieser Schritt der Evolution eigentlich der viel komplexere war als die Hervorbringung der Tiere und Menschen – das wurde nicht erkannt.

Die geringere Bedeutung, die Menschen den Pflanzen gaben, geht noch aus einer anderen alttestamentlichen Erzählung hervor: der Geschichte von der Sintflut. Noah verwendete Holz als Baustoff für die Arche – aber wo blieben die Bäume, als die Erde überflutet wurde? Er hätte die Arche auf ihrer Reise über den endlosen Ozean niemals ausbessern können. Nur die Tiere durften auf die Arche, jeweils ein männliches und ein weibliches Individuum. Pflanzen kamen nur in Form von Futter auf das Schiff. So wurden pflanzlicher Baustoff und pflanzliche Nahrung genutzt, aber nicht vor der Überflutung bewahrt. Alle Vegetation versank mit allen anderen Lebewesen, die Noah auf seiner Arche nicht mitnehmen konnte, in der Sintflut. Man hatte gewiss die Erfahrung gemacht, dass dies geschah, wenn Flüsse über die Ufer traten und das Land weithin unter Wasser setzten; in den Gebieten, in denen sich diese Katastrophen ereigneten, starben die Pflanzen sicher nicht überall ab. Aber in der Sintflut von biblischem Ausmaß? Hätte es nicht auch eine Arche Flora geben müssen?

Schließlich hörte es auf zu regnen, wie jeder aus der biblischen Geschichte über die Sintflut weiß. Das Zeichen dafür, dass wieder Land auftauchte, brachte die Taube zur Arche: Sie fand einen Ölbaumzweig. Das Wasser musste sich also vom Land zurückgezogen haben, und Landpflanzen wie der Ölbaum konnten wieder auf dem Land leben. Wo hatte der Ölbaum die Zeiten der Überflutung überdauert? Das beschäftigte die Menschen offenbar nicht; Pflanzen kamen wieder, ebenso wie die Landoberfläche wieder auftauchte, wenn sintflutartiger Regen aufhörte.

In der Schule haben wir nicht nur diese biblischen Geschichten gehört, viele von uns wurden als Kinder ebenfalls zuerst mit Tieren, dann mit Pflanzen vertraut gemacht. Kommt man aber dann, beispielsweise im Biologieunterricht, ausgehend von den Tieren endlich auch zu den Pflanzen, werden sie in der Regel mit Tieren verglichen. Eine Pflanze muss doch genauso wie ein Tier Gefühle, so etwas wie einen Blutkreislauf haben, sie muss sich mit anderen Pflanzen unterhalten oder mindestens kommunizieren können! Sie muss sich doch freuen können, Schmerzen haben! Und sie muss doch einen Willen haben! Wer nach solchen Parallelen zwischen Tier und Pflanze sucht oder behauptet, nach diesen Parallelen zu suchen, hat die Pflanze – und damit das Leben auf der Erde insgesamt – nicht verstanden. Dieser Aussage wird die eine oder andere Leserin, der eine oder andere Leser nicht zustimmen, vielleicht wird sie oder er sie sogar mit Empörung ablehnen. Aber sie ist grundlegend. Nicht im Entferntesten ist das Leben einer Pflanze von etwas geprägt, das «Willen» genannt werden könnte oder äußerlich sichtbar eine Aktivität anzeigt. Sie blüht und fruchtet, bildet neue Blätter, Sprosse, Zweige, Äste und Stämme, auch Wurzeln. Ihr Wachstum ist kein aktiver, aber auch kein wirklich passiver Vorgang. Von den Verben, die die Entwicklung einer Pflanze beschreiben, gibt es weder eine aktive noch eine passive Form. Niemand spricht von einem «gewachsen werden», eine Pflanze wird auch nicht «geblüht» oder «gefruchtet» und «gereift», aber die Pflanze keimt, wächst, treibt Blätter, Blüten, Früchte, ohne dies aktiv zu wollen. Um dies adäquat auszudrücken, benötigte man eigentlich ein Genus Verbi zwischen aktiv und passiv, wie es im Altgriechischen oder dem Sanskrit in der Form des Mediums existiert. Die Pflanze ist tatsächlich willenlos, sie kann von Menschen gepflanzt, gesät oder gezogen werden, alles andere ist weder der Macht von uns Menschen noch der Macht der Pflanze unterworfen.

Die Pflanze steht an einem Wuchs- oder Standort, an dem sie mit allen Stoffen versorgt wird, die sie für ihr Leben braucht, man kann sie dort «willenlos» nennen. Eine Wasserpflanze ist mit genügend Wasser versorgt, eine Landpflanze erhält Wasser aus dem Boden – oder über den Niederschlag, der zuerst in den Boden eindringt und dort die Wurzeln der Pflanze erreicht, um dann in deren andere Teile aufzusteigen. Alle notwendigen Mineralstoffe sind im Meerwasser vorhanden, viele davon auch in ausreichender Menge im Boden. Es gibt mehr Kohlenstoffdioxid in der Atmosphäre als im Wasser, aber in der Nähe der Wasseroberfläche ist doch genug davon vorhanden – genauso, wie es dort ausreichend Licht für die Existenz der Pflanze gibt. Ein Ort, an dem die Pflanze alles findet, was sie zum Leben braucht, ist sozusagen ihr «Schlaraffenland» aus Wasser, Luft, Mineralien und Licht.

Bei einem Tier spricht man aber in der Regel nicht von einem Standort, an dem es sich ein Leben lang aufhalten kann. Es gibt nur wenige Tiere, die ortsfest leben. Die meisten Tiere müssen sich vielmehr bewegen, ein Habitat suchen, innerhalb dessen sie von Ort zu Ort ziehen. An dem einen Ort gibt es Wasser, an einem anderen finden sie optimale Nahrung. Wasser und Nahrung müssen aufgespürt werden. Ihre Quellen müssen vom Tier mit speziellen Sinnen wahrgenommen werden, es muss zu einer koordinierten Aufnahme der Nahrung und des Wassers kommen, das Tier muss also fressen und trinken. Und dann muss es eine Ausscheidung von denjenigen Stoffen geben, die es nicht verwerten kann. Dies funktioniert jedenfalls bei komplex gebauten Tieren nur unter Verwendung eines Nervensystems, das Impulse von Ort zu Ort weiterleitet.

Pflanzen fressen keine organische Substanz wie die Tiere. Daher müssen sie den Ort nicht finden, an dem es etwas zu fressen gibt. Wozu bräuchten sie dann ein Nervensystem? Sie nehmen Wasser und Mineralien auf, behalten die Mineralstoffe und scheiden das Wasser durch die schon erwähnte Transpiration wieder aus. Aber sie besitzen nichts, was sich mit einem Kreislauf vergleichen lässt, einem Blutkreislauf etwa, der überschüssige Substanzen im Körper transportiert, um sie auszuscheiden. Das alles macht die Pflanze willenlos. Ein eigener Wille ist gar keine Kategorie, der für die Entwicklung einer Pflanze notwendig wäre.

Ein Wille ist überhaupt nichts unbedingt Lebensnotwendiges.

Einen Willen zu haben, eine Absicht, aber auch Schmerzen empfinden zu können, all das ist kein notwendiges Kriterium, um das zu beschreiben, was Leben auszeichnet. Pflanzliches Dasein und auch das Leben der Tiere, ja selbst unser eigenes Leben ist viel stärker passiv, als wir denken. Aber wie dem auch sei: Auf jeden Fall ist die Pflanze ein ganz anderes Lebewesen als ein Tier, das man nur dann versteht, wenn man es nicht mit dem Tier vergleicht, wenn man also nicht das, was man im Tier sehen möchte, auf eine Pflanze überträgt. Nur dann wird die enorme Bedeutung der Pflanzenwelt klar. Das gilt sowohl für einen wissenschaftlichen als auch für einen emotionalen Zugang. Wie man die Dinge auch ergründet, ob man das Leben als Wunder sehen will, als Gottes Werk oder auf einer wissenschaftlichen Basis: Zentral für alles Leben auf dieser Welt sind in jedem Fall die Pflanzen, die das Habitat eines Tieres bilden, es einrahmen in den Ökosystemen, die Existenz der Tiere und auch die menschliche Existenz erst ermöglichen. Aber dazu bedurfte es niemals etwas, das man als «Initiative der Pflanzen» beschreiben könnte.

Genau das hat der Dichter Friedrich Schiller genial erfasst: «Suchst du das Höchste, das Größte? Die Pflanze kann es dich lehren: Was sie willenlos ist, sei du es wollend – das ists!»

Der rote Faden, der durch die folgenden Darstellungen zum Leben der Pflanzen leiten soll, ist ein historischer. Er führt die Organismen in der Reihenfolge auf, wie sie entstanden sind, in einer historischen Anordnung also. Zuerst entwickelten sich einfache Zellen ohne Zellkerne, dann setzten sich komplexere Zellen zusammen, die zu immer noch einfachen pflanzlichen Organismen aus vielen Zellen wurden. Das Leben entwickelte sich im Meer. Erst später entstand auch Leben auf dem Land. Dies war ein komplexer Vorgang, denn das Leben des Meeres musste sich erst in vieler Hinsicht zu einem Leben auf dem Land wandeln, und alle diese Vorgänge mussten der genialen Einsicht Friedrich Schillers entsprechen. Die Pflanze war und ist passiv; wenn sich neue Formen von Pflanzen entwickelten, musste das ebenfalls passiv vor sich gehen. Die Pflanze «ging nicht an Land». Die Entwicklung vom Leben im Meer zu einem Leben an Land fand dennoch statt. Dabei gab es keinen Stillstand. Nacheinander unterschied sich jedes Individuum einer Entwicklungsreihe von Pflanzen ein wenig von allen Individuen, die vorher dagewesen waren.

2

Einfachste Organismen

Erst mit der Erfindung immer besserer Mikroskope konnte man in neue Bereiche der Mikrokosmen vorstoßen. In der Folgezeit setzte eine wissenschaftliche Beschäftigung mit der Biologie ein. Bis dahin galt weithin das Weltbild der Bibel, und es dauerte noch einmal eine ganze Weile, bis das wissenschaftliche Weltbild wenigstens gleichwertig neben dem der Bibel bestehen konnte.

Die ersten Mikroskope wurden um das Jahr 1600 in den Niederlanden konstruiert, im Goldenen Zeitalter des Landes also. Wer ihr Erfinder ist, weiß man nicht mit Sicherheit zu sagen. Mit einem solchen Gerät befasste sich im 17. Jahrhundert der Engländer Robert Hooke. Er war ein Multitalent, ein Bastler und ein begabter Zeichner, außerdem Musiker und Architekt. 1665 erschien in London sein wichtigstes Werk, die «Micrographia», in dem er pflanzliche Zellen abbildete, die er in Kork gefunden hatte. Viele Zellen waren sechseckig und erinnerten Hooke an die Wabenzellen von Bienen. So kam die Zelle zu ihrem Namen.

Der Begriff «cella» stammt aus dem Lateinischen, kam interessanterweise zweimal ins Gebiet nördlich der Alpen und drang in die dort verwendeten Sprachen ein. Auf die Geschichte des Begriffs gehe ich hier etwas ausführlicher ein, weil sie für die Entstehung der Benennung der pflanzlichen Zelle interessant ist. In die Beschreibung naturwissenschaftlicher Phänomene gehen immer auch die Ideen ein, mit denen sie der Mensch erklärt. Es gibt Erklärungen, die so gut sind, dass sie selbsterklärend zu sein scheinen; andere sind eher unglücklich gewählt und fördern das Verständnis gerade nicht. Aber der Begriff der Zelle war gut gewählt. Die Geschichte des Wortes ist den entsprechenden Eintragungen im «Deutschen Wörterbuch» von Jacob und Wilhelm Grimm zu entnehmen.

In früherer Zeit wurde das lateinische Wort «cella» mit einem K-Laut am Anfang gesprochen, so nimmt man wenigstens an. Daraus entwickelten sich die Begriffe Keller und Kelle. Der Keller ist der Vorratsraum, der nicht unbedingt im Untergeschoss eines Gebäudes liegen muss; man grub auch Erdkeller in den Boden, um Vorräte aufzubewahren. Die Kelle ist eine Art von Gefäß, mit der man Flüssigkeiten schöpfen kann, etwa Suppe. Man nannte so auch ein tiefes Wasserbecken, das sich in Form eines kleinen Stausees hinter einem Wehr bildet. Man verwendete das Wehr und den See zum Fischfang, weil Wasser, wenn es über ein Wehr läuft, einen Strudel bildet, in den Sauerstoff hineingezogen wird. In diesen Strudeln sammeln sich die Fische – und dort kann man sie am besten fangen. In vielen Städten gibt es gleich unterhalb des Wehrs eine Brücke, auf der – mit Grund – die Angler stehen. Orte heißen nach diesen «Kellen», etwa (Berlin-) Cölln und Neukölln, Kiel und Calenberg sowie Celle, das man allerdings heute mit einem C, das wie Z gesprochen wird, anlauten lässt.

Als der Begriff «cella» zum zweiten Mal nach Mitteleuropa kam, meinte er den abgeschiedenen Raum eines Klosters, in dem ein Mönch oder eine Nonne lebte. In übertragener Bedeutung sprach man von der Gefängniszelle; auch sie war nach außen abgeschlossen. Und das galt auch für die sechseckigen Zellen der Bienenwabe, an die sich Robert Hooke beim Anblick von Zellen im Kork erinnert fühlte, die er mit seinem Mikroskop sichtbar machen konnte und von denen er eine künstlerisch hochwertige Zeichnung anfertigte. Pflanzenzellen sind nicht so strikt sechseckig wie die Kammern der Bienenwaben. Aber im Sechseck stehen Körper, die idealerweise eigentlich rund wären, am wenigsten unter Spannung, weshalb sich in den Mustern der Pflanzenzellen häufig Sechsecke erkennen lassen. Manchmal sind sie fünfeckig, auch mal siebeneckig, aber niemals stoßen mehr als drei Zellen genau an einem Punkt aufeinander. Das

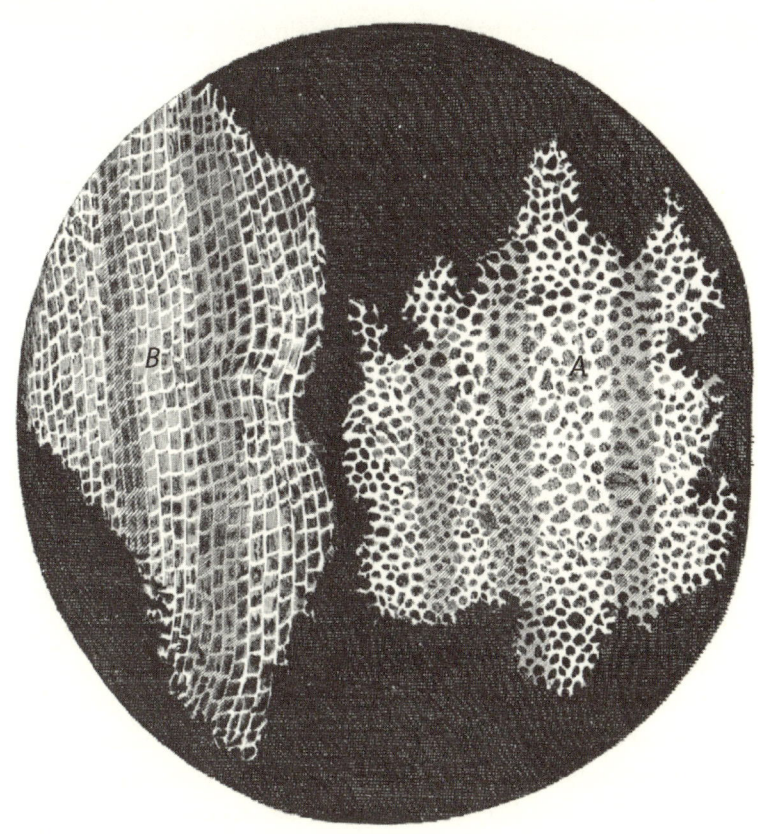

Was Robert Hooke 1665 im Mikroskop sah:
Zellen/Hohlräume im Kork; Zeichnung aus seinem Werk «Micrographia».

ist ein Grundsatz, den man strikt beachten muss, wenn man mehrere Zellen in einem «Gewebe» zeichnet, wie man eine Gruppe von ähnlichen Zellen nennt.

Die Zelle als Begriff für den elementaren Bestandteil eines Lebewesens ist heute mindestens so populär wie die Begriffe Keller, Kelle, Kloster- oder Gefängniszelle. Und sie hat – bei aller Verschiedenheit – mit allen vorausgehenden Begriffen Charakteristika gemein: Sie ist abgeschlossen, man kann Vorräte oder Wasser in ihr aufbewahren und zurückhalten. Man kann sie als den kleinsten lebenden Teil von Lebewesen auffassen.

Nur etwas mehr als zehn Jahre nach der bahnbrechenden Entdeckung von Zellen durch Robert Hooke fand der Niederländer Antoni van Leeuwenhoek – ebenfalls mit einem selbstgebauten Mikroskop – im Jahr 1676 Lebewesen, die nur aus einer einzigen Zelle bestehen: Bakterien. Sie sind besonders klein und haben keine Zellkerne wie andere Einzeller und auch alle vielzelligen Organismen. Deswegen nennt man sie auch Prokaryoten oder Prokaryonten, wörtlich etwa «Lebewesen vor der Entstehung von Zellkernen». Man kann sie nach ihrer Form einteilen; ihre Vielfalt ist groß. Runde Bakterien bekamen den Namen Kokken, längliche Stäbchen werden als Bazillen bezeichnet, länglich-gebogen sind die Vibrionen und gewundene Formen heißen Spirillen oder Spirochaeten. Einige Bakterien sind begeißelt, mit einer oder mehreren Geißeln können sie sich fortbewegen. Einige leben einzeln, andere bilden fadenförmige Kolonien. Diejenigen, bei denen das Einzelbakterium rund ist, nennt man dann Streptokokken; wenn das Einzelbakterium länglich ist, spricht man von einem Streptobacillus oder von Streptobazillen. Haufenförmige Kolonien bilden sich beispielsweise bei Staphylokokken. Heute trennt man die erstmals am Ende des letzten Jahrhunderts nachgewiesenen Archaeen von den Bakterien ab; sie sind ebenfalls Prokaryoten, haben also keinen Zellkern.

Bakterien sind im Allgemeinen so klein, dass man sie mit bloßem Auge nicht sehen kann. Es gibt aber auch besonders große Formen, die gerade noch sichtbar sind. Alle Bakterien sind mit Cytoplasma gefüllt. So nennt man das Stoffgemisch, das sich als Grundstruktur in einer Zelle befindet. Das Plasma ist von einer äußeren Begrenzung umgeben, die aus einer oder mehreren Schichten von Membranen besteht, sowie von Strukturen, die man als Bakterienzellwand bezeichnet, die aber ganz anders aufgebaut sind als Zellwände der Pflanzen. Sie bestehen aus sogenannten Peptidoglucanen, abgewandelten Glukosemolekülen, die zu einem Geflecht vernetzt sind. Die eigentliche Abgrenzung des Organismus nach außen bilden die semipermeablen Membranen. Sie sind für einige Substanzen durchlässig, die das Bakterium aus seinem Außenmedium aufnehmen kann, für andere Stoffe hingegen nicht. Auf diese Weise wird eine Auswahl derjenigen Stoffe getroffen, die in das Bakterium eindringen können. Die Bakterienzellwand bildet dagegen keine eigentliche Abgrenzung des Bakterienorganismus, sie verleiht ihm Stabilität, ist aber auch elastisch. Der Begriff Zellwand ist nur zum Teil ein guter Begriff. Denn man darf sich darunter keine undurchlässige Wand vorstellen, wie es beispielsweise bei der Hauswand der Fall ist.

Es gibt Bakterien mit dicken und solche mit dünnen Zellwänden. Bakterien mit dicken Zellwänden kann man mit einem speziellen Verfahren anfärben, man nennt diese Bakterien gram-positiv. Dünne Bakterienzellwände lassen sich dagegen mit dem gleichen Farbstoff nicht anfärben, sie werden als gram-negativ bezeichnet. Die Möglichkeit der Anfärbung der Zellwände ist ein sehr nützliches Verfahren der Diagnose. Vor allem gram-positive Bakterien kann man durch Hinzufügen des Pilzes Penicillium, also durch die medizinische Verwendung von Penicillin, derart schädigen, dass ihre Wände nicht mehr funktionstüchtig sind. Sie verlieren ihre Stabilität, und das Bakterium platzt.

Aufgenommene Stoffe, die die Membranen passiert haben, werden im Plasma der Bakterien gespeichert oder zu anderen Stoffen umgebaut. Einen Zellkern haben die Bakterien – wie schon gesagt – nicht, aber sie besitzen Erbmaterial in Form von DNA bzw. DNS (Desoxyribonucleinsäure), die an einem Ort der Bakterienzelle konzentriert ist. Das DNA-Molekül kann länger sein als der gesamte

Bakterienorganismus, aber er liegt in einer vielfach verknäulten Form vor, so dass man die enorme Größe dieses Moleküls nicht wahrnimmt. Die in sich gewundene und vernetzte Nucleinsäure wird als Nucleotid, als zellkernähnliche Struktur, bezeichnet. Wie bei allen anderen Organismen wird die genetische Information an der DNA abgelesen, und dann in ein ähnlich aufgebautes Molekül einer Messenger-Ribonucleinsäure (m-RNA) transkribiert. An weiteren Bestandteilen der Bakterienzellen, den Ribosomen, werden an den Molekülen einer Messenger-RNA Proteine aus einzelnen Aminosäuren aufgebaut, die anschließend die Durchführung der verschiedenen Stoffwechselleistungen des Bakteriums erleichtern oder gar erst möglich machen.

Einige Bakterien sind Krankheitserreger. Sie befallen andere Organismen und nutzen deren Inhaltsstoffe für ihren eigenen Stoffwechsel aus. Weil sie sich überaus rasch vermehren, wenn ihr Nährmedium nutzbar ist, lassen sie die befallenen Organismen erkranken; denn diese müssen auf lebensnotwendige Stoffe verzichten, so dass sie unter Stress geraten und geschwächt werden. Doch Bakterien können auch ganz andere Dinge leisten, etwa Stickstoff aus der Luft fixieren, Zellulose oder auch Erdöl abbauen. Einige Bakterien erhalten ihre Energie zum Leben von einer der vielen Formen von Gärungen, etwa Milchsäurebakterien. Sie lassen Säure in Milch entstehen – oder in Kohlblättern, die dadurch zu Sauerkraut werden, oder in Blättern allgemein, beispielsweise von Gräsern, die man auf Wiesen gemäht hat. So entsteht Silage, man könnte sagen: Sauerkraut für Kühe. Die Säure konserviert die organische Substanz: Frisches Gras lässt sich in der Säure, die von den Milchsäurebakterien gebildet wird, lange aufbewahren; die damit gefütterten Tiere erhalten auch Monate nach der Ernte noch frisch erscheinendes Futter, das reich an Vitamin C ist. Deswegen ist auch das mit Milchsäurebakterien haltbar gemachte Sauerkraut so «gesund». Wer es im Winter isst, erkrankt nicht an Skorbut, der früher gefürchteten Vitamin-C-Mangelkrankheit. Einige Bakterien können Fotosynthese betreiben, also – wie Pflanzen – aus einfachen anorganischen Bestandteilen, Wasser und Kohlenstoffdioxid, organische Stoffe herstellen. Man bezeichnet diese Formen als Cyanobakterien.

Früher fasste man Cyanobakterien als im Wasser lebende einzellige Pflanzen ohne Zellkerne auf und nannte sie «Blaualgen». Diese Bezeichnung und auch das Einordnen der Blaualgen ins Pflanzenreich hat durchaus seine Berechtigung, ist doch die Fähigkeit zur Fotosynthese ein Kennzeichen von Pflanzen. Die Vielfalt der Stoffwechselwege, die von einzelnen dieser zellkernlosen kleinen Lebewesen geleistet werden, macht sie jedoch insgesamt miteinander vergleichbar, so dass man sie zu den Mikroorganismen, zu den einzelligen, zellkernlosen Bakterien zählt.

Man muss sich vorstellen, dass ein einziger Prokaryot, also ein einzelliges Lebewesen ohne Zellkern, das erste Lebewesen gewesen sein könnte, das auf der Erde existierte. Es war ein von Membranen umschlossener Bereich, in dem sich Cytoplasma und eine genetische Information befanden, die in einer Nucleinsäure gespeichert war. Außerdem muss dieser Organismus Ribosomen besessen haben, an denen gemäß den «Vorgaben» des genetischen Codes Proteinmoleküle aus Aminosäuren aufgebaut wurden, die die Stoffumsätze des Prokaryoten leisteten. Wenn spezielle Proteine zur Verfügung standen, konnten sich die Zellen teilen, so dass aus einer Zelle zwei wurden. Danach dehnten sich die semipermeablen Membranen und Zellwände aus, bis sich die Zellen erneut teilten. Dabei muss sich bereits eine Diversität an Prokaryoten herausgebildet haben, die von jeweils anderen Stoffumsätzen lebten. Einige Prokaryoten lebten schon in einer frühen Evolutionsphase als einzellige Gebilde, andere schlossen sich zu Kolonien zusammen. In einer wässrigen Flüssigkeit, in der verschiedene anorganische und einfache organische Substanzen vorhanden waren, der sogenannten Ursuppe, nahmen die prokaryotischen Einzeller bestimmte Substanzen auf, entweder durch die semipermeablen Membranen, oder sie umschlossen größere Bestandteile mit ihrer elastischen Wand- und Membranstruktur: Die aufgenommenen Körper konnten von der gesamten Wand und den Membranen eingeschlossen werden und so in das Innere des Cytoplasmas gelangen. Das ist ein normaler Vorgang, der sich heute bei Prokaryoten ebenfalls beobachten lässt. So entstehen runde oder annähernd runde Vesikel im Plasma der Zelle.

Einige Mikroorganismen betrieben Atmung, andere eine der vielen Formen von Gärung, wieder andere setzen andere Stoffe um. Und es entstanden Mikroorganismen, die Fotosynthese leisten konnten. Die ersten Lebewesen, in denen die Fotosynthese ablief, sind also prokaryotische Mikroorganismen. Sie lebten alle im Meer, denn außerhalb davon, an Land, waren die Temperaturen in der überwiegend Stickstoff und Kohlenstoffdioxid, aber keinen freien Sauerstoff enthaltenden Atmosphäre derart hoch, dass alles Leben sofort wieder zerstört worden wäre. Die Proteine wären denaturiert worden, und das bedeutet, sie hätten ihre Funktion eingebüßt: Die Prokaryoten hätten sich nicht mehr vermehren und wachsen können. Vor allem die zur Fotosynthese befähigten Prokaryoten sammelten sich aber an der Oberfläche des Wassers, in dem die Temperaturen ausgeglichener waren, nicht so extrem hoch wie außerhalb des Meers. An der Wasseroberfläche erhielten sie am meisten Kohlenstoffdioxid, das in der Luft in höherer Konzentration vorhanden ist. Dort aber waren sie auch am meisten den Sonnenstrahlen ausgesetzt. Die ultraviolette Strahlung, die auf die Organismen traf, löste Mutationen aus. An der Meeresoberfläche kam es daher zu einer besonders hohen Mutationsrate und daher zu einer besonders regen Bildung neuer Formen von Lebewesen.

Viele der Prokaryoten, die den ersten Lebewesen in den Meeren ähneln, kommen heute aber nicht mehr dort vor, wo sie zu Urzeiten ihre idealen Lebensbedingungen gefunden hatten. Ursprünglich lebten sie beispielsweise im sehr warmen oder sogar heißen Wasser der Meere, heute können sie nur noch in heißen untermeerischen Quellen, den Hydrothermalquellen, überleben. Oder sie existierten in einer sauerstofffreien oder sauerstoffarmen Atmosphäre. Heute ist eine mit Sauerstoff angereicherte Atmosphäre nahezu omnipräsent, daher können sie nur noch an den wenigen Orten leben, wo es keinen Sauerstoff gibt. Von den meisten ihrer ursprünglichen Lebensorte mussten sie verschwinden, weil es dort inzwischen viel Sauerstoff gibt.

Sie starben entweder ab oder zogen sich an Orte zurück, an denen anaerobe Bedingungen herrschen, zu denen also die Luft unserer Atmosphäre keinen Zutritt hat.

3

Die willenlose Evolution

Vor etwa 4,4 Milliarden Jahren war eine feste Erdkruste entstanden, die einen immer noch glühend heißen Erdkern umschloss. Immer wieder brach die flüssige Erdmaterie durch die Kruste, dann bildete sich ein Vulkan. Über der Erdkruste lagerte eine Atmosphäre, die genauso wie heute überwiegend aus Stickstoff bestand, in der aber kein freier Sauerstoff vorhanden war. Heißer Wasserdampf kondensierte zu Wolken, als die Erde und ihre Umgebung allmählich abkühlten. Aus den Wolken begann es zu regnen, so dass sich die Ozeane immer weiter mit Wasser füllten, in denen Prokaryoten als erste Lebewesen entstanden. Nur ein Teil der Erdoberfläche wurde zu Meer. Die Kontinentalplatten ragten daraus empor. Regen, der über Land zog, löste Salz. In den Flüssen floss es in kaum wahrnehmbaren Mengen dem Meer zu, aber dort sammelte es sich an, so dass das Wasser der Ozeane einen immer höheren Salzgehalt bekam.

Das Meer zeigte sich dem Land gegenüber sofort von seiner aggressiven Seite. An den Küsten wurden Felsen angegriffen: Steine rollten ins Meer, große und kleine, auch ganz kleine in Form von Sand, Schluff und Ton. Wo der Stein abbrach, bildete sich eine Steilküste. Wellen rollen unablässig auf diese Küste zu, und zwar nicht genau im rechten Winkel, sondern so, dass jede Welle nicht genau auf eine zurückrollende Welle trifft, sondern schräg reflektiert wird.

Die Gesteinsbruchstücke werden im Wasser sortiert. Große Felsbrocken bleiben unmittelbar vor der Küste liegen. Sie sind zu schwer, um vom Wasser bewegt werden zu können. Ihr Transport beginnt erst dann, wenn sie in kleinere Steine zerbrochen sind. Mit kleineren Felsstücken «spielen» die Wellen. Sie ziehen sie hinaus ins Meer und treiben sie wieder gegen die Küste. Je feiner die Teilchen sind, desto weiter werden sie transportiert. Wo sich Wellen treffen, brechen sie sich, bilden Schaumkronen aus und verlieren an Kraft, so dass der Sand auf den flachen Meeresgrund sinkt. Es bildet sich ein Riff aus Sand. Die Sandriffe dehnen sich nach den Seiten aus, weil der Sand sich mit den Wellen im Zickzack bewegt.

Sandriffe wachsen zu Haken, schließlich zu Nehrungen oder Lidos heran, die Buchten abschnüren. Es bildet sich insgesamt eine sogenannte Ausgleichsküste, die abwechselnd aus Steilabbrüchen und flachen Stränden besteht. Die Steilküste wird zerstört, die Flachküste wächst. Aus abgeschnürten Buchten werden je nach Größe und Tiefe ein Strandsee, ein Bodden oder ein Haff.

Allmählich entwickelte sich ein perfekter Kreislauf des Wassers. Wasser stieg über dem Meer auf, ohne das in ihm enthaltene Salz, und es bildeten sich Wolken, als der Wasserdampf in höheren Luftschichten kondensierte. Der meiste Niederschlag fiel über den Meeren. Ein kleiner Teil wurde zum Land geweht, weil sich die offene Meeresfläche und das Land unterschiedlich rasch erwärmten und wieder abkühlten, so dass sich Wind ausbildete, der zum Ausgleich der Luftmassen führte. Es regnete deswegen auch über dem Land. Wasser, das auf das Land gefallen war, bewegte sich wieder meerwärts, es entstanden Flüsse, die ebenso wie die Regenwolken Süßwasser enthielten und weitere Salze aus dem Gestein lösten. Wenn es auf Haffs oder Strandseen regnete, die ursprünglich einmal von salzigem Meerwasser gefüllt waren, nahm deren Salzgehalt ab; es bildeten sich verschiedene Formen von Brackwasser, vielleicht sogar Süßwasser. Es war aber auch möglich, dass die Strandseen und Haffs in trockenen Gebieten entstanden, wo sehr viel Wasser verdunstete und kaum Niederschläge fielen, so dass der Salzgehalt dieser Gewässer zunahm. Im Resultat bildeten sich Wasserkörper, deren Salzgehalte sich von demjenigen des Meerwassers unterschieden.

Alle wurden sie von den einzig vorhandenen Lebewesen, den

Prokaryoten, besiedelt. Es kam zu immer neuen Mutationen. Oft benachteiligten sie die Organismen, die die Erbgutveränderungen in sich trugen, weil sie weniger vital waren. Das war aber nicht immer so; einige Mutationen führten auch zur Herausbildung von Organismen, die vitaler waren als ihre Vorfahren. Sie bildeten schneller Membranen und Zellwände aus als andere und konnten sich häufiger teilen. Im offenen Meer kam es zu anderen Mutationen als in einem abgeschlossenen Haff. Und die unterschiedlichen Salzgehalte der Gewässer führten dazu, dass jeweils andere Typen von Einzellern die größte Vitalität entwickelten.

Waren die Wasserkörper der Ozeane und der Haffs völlig voneinander getrennt, lief die Evolution der in ihnen lebenden Organismen isoliert vom jeweils anderen Gebiet ab. Der Austausch von Lebewesen zwischen diesen Wasserkörpern war unterbunden, nach unterschiedlichen Mutationen konnten sich unterschiedliche Lebewesen entwickeln. Während die Lebensbedingungen in den Ozeanen sich allenfalls sehr langsam veränderten, traten in den Haffs stärkere Zu- und Abnahmen der Salzgehalte des Wassers ein. Nur Lebewesen, die aufgrund von größeren genetischen Veränderungen in der Lage waren, unter den besonderen ökologischen Bedingungen eines Haffs zu überleben, kamen nach einiger Zeit dort noch vor. Die anderen vermehrten sich langsamer oder starben sogar ab. Darin zeigt sich: Die Bedingungen der Selektion oder Auslese waren im Ozean anders als im Strandsee. Im Ozean überlebten diejenigen Organismen am besten, die sich von ihren Vorfahren wenig unterschieden. Sie unterlagen einer stabilisierenden Evolution. Vielleicht besiedelten sie mit der Zeit sogar einen speziellen Lebensraum, in dem sich nicht nur die Salzgehalte wenig veränderten, sondern auch die Zusammensetzung der Atmosphäre konstant blieb. Wenn sie dort bis zum heutigen Tag überleben konnten, kann man sie als «lebende Fossilien» bezeichnen – ein Begriff, der allerdings ein Widerspruch in sich ist, denn prinzipiell können Fossilien, die auf Deutsch meist «Versteinerungen» genannt werden, überhaupt nicht leben.

Im Haffgewässer waren diejenigen Organismen im Vorteil, die

eine bestimmte Mutation trugen, welche ihnen ein Überleben im Brackwasser ermöglichte. Auf die nacheinander lebenden Individuen wirkte eine gerichtete Evolution ein. Es war allerdings auch möglich, dass es keinerlei Lebewesen gab, die in einem Brackwasserbereich überleben konnten. Dann fand keine Evolution statt, und im Haffgewässer starben sämtliche Organismen ab.

Betrachtet man die Individuen insgesamt und ihre unterschiedlichen Selektionsbedingungen, so kann man sagen, dass es unter den Individuen der Ozeane und denjenigen der Strandseen zur Disruption oder zu einer disruptiven Selektion kam. Im Meer waren diejenigen Organismen bevorteilt, die sich unter den Bedingungen stabilisierender Selektion wenig veränderten, in den Strandseen mit ihren abweichenden Salzgehalten hingegen diejenigen, die sich in gerichteter Evolution veränderten.

Allerdings ist der Eindruck, eine Evolution laufe gerichtet ab, eine Beobachtung, die nur dann zutrifft, wenn man die neu entstehenden und wieder verschwindenden Individuen einer Gruppe von Organismen über sehr lange Zeit betrachtet. Dann kann man konstatieren, dass im Haff mit seinen Brackwasserbedingungen alle Individuen verschwanden, die eine bestimmte Mutation nicht trugen und deswegen unter den Bedingungen eines geringeren Salzgehaltes weniger vital waren oder gar abstarben. Es überlebten nur einige wenige, die andere Eigenschaften besaßen, in unserem Beispiel also geringere oder höhere Salzgehalte vertrugen.

Der Vorgang, der sich dabei abspielt, wird immer wieder als ein aktiver Prozess dargestellt und als «adaptive Radiation» oder eine aktive Anpassung beschrieben. Verändern sich ökologische Bedingungen in benachbarten Gebieten auf unterschiedliche Weise, sind jeweils andere Individuen die «fittesten» im Sinne von Charles Darwin. Die daraus zu ziehenden Erkenntnisse verfeinern beziehungsweise modifizieren Darwins Grundlagenforschungen. Keine Pflanzen- oder Tierart ist absolut gesehen und unter allen ökologischen Bedingungen diejenige, die im Sinne eines «Survival of the fittest» am vitalsten ist. Welche Individuen die kräftigsten, am besten überlebenden oder am schnellsten wachsenden sind, entscheidet sich immer nur durch die jeweiligen ökologischen Bedingungen. Schon unter den «einfachen» Gegebenheiten, unter denen nur einzellige Prokaryoten auf der Erde lebten, galt: Es muss eine möglichst große Vielfalt unter den Lebewesen geben, damit möglichst viele verschiedene Orte von Lebewesen bewohnt werden können. Dies gilt für alle Lebewesen bis auf den heutigen Tag. Im Lauf der Entwicklung des Lebens gab es immer mehr Orte, an denen Leben existieren konnte. Dies war nur möglich, wenn auch immer verschiedenere, diversere Lebewesen auf der Erde vorkamen. Das gilt sowohl für die Verhältnisse innerhalb einer Pflanzen- oder Tierart als auch für Flora, Fauna und die Lebenswelt insgesamt. Hierin zeigt sich der «Wert» von Verschiedenheit oder Diversität, speziell der Biodiversität. Leben ist grundsätzlich stabiler, wenn es divers ist. Dies darf kein Zustand sein, sondern das Leben muss sich ständig dynamisch entwickeln, neue Formen hervorbringen können. Und das bedeutet, dass andere Formen verschwinden können. Eine Überlegenheit oder Unterlegenheit bestimmter Formen von Leben besteht aber niemals absolut, an jedem Ort, sondern stellt sich immer nur unter speziellen ökologischen Bedingungen heraus.

Weiterhin lässt sich feststellen, dass die Entwicklung von vielfältigen Organismen kein aktiver Prozess war. Vielmehr kam es (passiv) zu Mutationen in den Organismen, die ökologischen Bedingungen an den Orten ihres Vorkommens veränderten sich, und einige Organismen konnten aufgrund ihrer genetischen Konstitution besser damit leben als andere. Das aber war die Folge nicht einer aktiven Anpassung, sondern eines passiven Prozesses. Er ist allerdings auch nicht mit «Angepasstheit» zutreffend beschrieben, weil er nicht als ein statisches Ergebnis auftritt, sondern in stetiger Dynamik sich weiterentwickelt. Auch die Trennung einzelner Organismengruppen von anderen ist ein passiver Prozess. Stets korrespondierten genetische Vorgänge mit anderen Evolutionsvorgängen. Welche Lebewesen sich dabei zu den «fittesten» entwickelten, zeigte sich stets ausschließlich am Standort, man kann auch sagen, im Ökosystem.

Es ist ein Problem, dass man diese grundlegenden Prozesse der

Entwicklung des Lebens, der Entwicklung von Diversität nicht im Experiment nachvollziehen kann; denn Naturwissenschaft sollte eigentlich eine experimentelle Grundlage haben. Es gibt aber naturwissenschaftliche Vorgänge, die sich erst durch die Knüpfung von Zusammenhängen erschließen lassen. Sie können in einem Experiment nicht abschließend untersucht werden, weil sie wie zum Beispiel Vorgänge der Evolution zu lange dauern. Im 19. Jahrhundert, als Darwin arbeitete, haben solche nur theoretisch erschließbaren Prozesse stark im Vordergrund gestanden, während sie heutiges naturwissenschaftliches Arbeiten, das hauptsächlich im Labor stattfindet, kaum, manche meinen zu wenig bestimmen.

Die Bildung einer Ausgleichsküste und die dabei ausgelöste Veränderung von ökologischen Bedingungen lässt sich im Gelände beobachten. Die Auswirkung von Mutationen erkennt man hingegen im Labor. Beide Formen der Beobachtungen müssen in einen Zusammenhang gestellt werden – wie hier geschehen. Wir wissen, dass zu einem bestimmten Zeitpunkt freier Sauerstoff in die Atmosphäre geriet, weil es Prokaryoten gab, die Fotosynthese betrieben. Das können wir aber nicht direkt nachweisen, vielmehr erkennt man dies daran, dass sich aus schwarzem Eisen rotes Eisen entwickelte. Dazu mussten Eisen und freier Sauerstoff zueinander finden, den es ohne Fotosynthese in der Atmosphäre nicht gab. Beide Elemente sind eigentlich sehr häufig; Eisen ist das im Planet Erde am meisten vertretene Element, gefolgt vom Sauerstoff. Aber freien Sauerstoff gibt es auf der Erde nicht, ohne dass er durch die Fotosynthese «geliefert» wird. Wann zum ersten Mal Bakterien Sauerstoff abgaben und organische Substanz produzierten, lässt sich nur ungefähr sagen. Vielleicht war das schon vor deutlich mehr als drei Milliarden Jahren der Fall. Die Mengen an Sauerstoff, die dadurch allmählich ins Wasser und schließlich auch in die Atmosphäre abgegeben wurden, müssen zunächst minimal gewesen sein, so dass sie sicher nicht von Anfang an ausreichten, um alles schwarze Eisen zu oxidieren und rot zu färben.

Fassen wir zusammen: Die Evolution spielte sich von Anfang an nicht zusammenhanglos, sondern in Ökosystemen ab, in denen es zuerst mehr unbelebte Strukturen, dann immer mehr Lebewesen gab. Die Lebewesen hatten keinen Willen, es bildeten sich durch Zufälle verschiedene Formen von ihnen heraus; welche von ihnen überlebten, ergab sich im Ökosystem, also passiv. Dabei konnte die Evolution stabilisierend wirken, so dass sich in ihrem Verlauf Lebewesen nur geringfügig veränderten und später für den Menschen, der ihre Geschichte und Gegenwart verfolgt, als «lebende Fossilien» gelten. Auf der anderen Seite gab es auch eine gerichtete Evolution, in der sich relativ rasch neue Formen des Lebens entwickelten. Wichtig ist außerdem, dass sich Evolutionsstränge voneinander trennten, eine disruptive Evolution eintrat. Ergebnis einer disruptiven Evolution kann die Herausbildung von zwei Arten von Lebewesen aus ehemals einer einzigen Art sein. Evolution ist ein (passives) Ergebnis von Zufall und Bewährung im Ökosystem, kein aktiver Prozess.

4
Die Pflanzenzelle

D ie Mikroorganismen oder Prokaryota unterscheiden sich von allen Organismen mit Zellen, die einen Zellkern haben oder im Verlauf ihrer Entstehung einmal hatten. Man nennt diese Letzteren Eukaryota. Es gibt Eukaryota mit nur einer einzigen Zelle, das sind pflanzliche, pilzliche oder tierische Einzeller, aber es gibt natürlich auch Pflanzen, Tiere und Pilze mit sehr vielen Zellen. Pflanzliche Zellen unterscheiden sich in wichtigen Punkten von denjenigen der Pilze und Tiere.

Einer faszinierenden Idee folgend könnten sich aus Mikroorganismen die ersten pflanzlichen Einzeller entwickelt haben, und zwar durch eine Vereinigung mehrerer prokaryotischer Zellen. Wie dies funktioniert haben mag, kann man sich über die sogenannte Endosymbiontenhypothese oder Endosymbiontentheorie erklären. Dabei handelt es sich – wohlgemerkt – um eine Hypothese oder eine Theorie, für deren Richtigkeit es gute Gründe gibt, die sich aber nicht insgesamt im Experiment nachvollziehen lässt.

Der Theorie nach schloss ein Einzeller andere Einzeller, die ähnlich wie Bakterien aufgebaut waren, in seinen Körper ein. Die inkorporierten einzelligen Organismen hatten eigenes genetisches Material; sie waren ja vollständige prokaryotische Lebewesen, bevor sie von der Zelle «geschluckt» wurden. Jeder dieser Einzeller lebte von der Umsetzung eines Stoffes oder einer Stoffgruppe. Der eine betrieb dann, wenn Sonnenlicht zur Verfügung stand, Fotosynthese. Er baute also aus den einfachen Bestandteilen Wasser und Kohlenstoffdioxid unter

Nutzung von Lichtenergie Glukose auf, ein erheblich komplexeres Molekül, in dem eine Menge Energie gespeichert wurde, und gab Sauerstoff ab. Ein anderes dieser Bakterien lebte davon, dass es Atmung betrieb, das heißt, organische Substanz wie beispielsweise Glukose aufnahm, dazu Sauerstoff brauchte und Wasser sowie Kohlenstoffdioxid erzeugte; bei dieser Reaktion wurde Energie freigesetzt, die das Bakterium anderweitig nutzen konnte. Beide Bakterien, das eine, das Fotosynthese betrieb, und das andere, das Energie durch Atmung freisetzte, kamen nun innerhalb einer Zelle gemeinsam vor, die aus einem dritten Organismus hervorging. Alle hatten ursprünglich eigenes genetisches Material, und alle hatten eine äußere doppelte Membran. Sie behielten also ihr Aussehen und ihre Eigenschaften weitgehend; einen Teil des genetischen Materials gaben die «geschluckten» Prokaryotenzellen aber an den zentral gelegenen Zellkern der aufnehmenden Zelle ab. Es entwickelte sich eine Symbiose; dieses aus dem Altgriechischen stammende Wort meint ein «Zusammenleben», bei dem alle Partner zwingend aufeinander angewiesen sind. Ein wichtiges Argument für das Zutreffen der Endosymbiontentheorie ist, dass die eingeschlossenen «ehemaligen» Bakterien von einer doppelten Membran umschlossen sind. Man kann sich fragen, ob die eukaryotische Zelle mit ihren mehreren Reaktionsräumen oder Kompartimenten (auf Englisch und Französisch nennt man auch die Abteile im Eisenbahnwagen so) tatsächlich die kleinste Einheit einer Pflanze ist, so wie das in der Definition einer Zelle festgelegt ist. Oder handelt es sich, wenn wir auf eine komplette lebende Pflanzenzelle blicken, eigentlich um drei Zellen, die zu einer einzigen Einheit zusammengewachsen sind? Solche Fragen zu stellen ist immer interessant, aber sie lassen sich kaum endgültig beantworten. Die eukaryotische Zelle hat nämlich Charakteristika einer einzigen Zelle, und sie hat Eigenheiten, die auf das Vorliegen einer Endosymbiose hinweisen.

Die Theorie zeigt also auf, wie sich die erste eukaryotische Zelle gebildet haben könnte. Sie teilte sich, und es entstanden zwei Zellen nach dem Muster der ersten, daraus wurden durch Teilung vier, dann acht Zellen. Dieser Prozess scheint langsam verlaufen zu sein, aber er gehorcht den Gesetzen eines exponentiellen Wachstums. In einem der folgenden Teilungsschritte wurden aus 512 Zellen bereits 1024, im nächsten 2048 usw.

Die komplexen pflanzlichen Zellen, die auf diese Weise entstanden sein könnten, sind, wie bereits beschrieben, ganz und gar von Membranen umgeben, die die eigentlichen Abgrenzungen ihres Zellinhalts oder Cytoplasmas bilden. Sie haben außerdem mehrere durch Membranen abgeteilte Räume, in denen ganz verschiedene chemische Reaktionen gleichzeitig ablaufen können. Eine ähnliche Arbeitsteilung gibt es, um ein Beispiel aus der Zoologie zur Hilfe zu nehmen, beim Vogelei. Die semipermeable Membran liegt direkt unter der Eierschale und ist die äußere Begrenzung der einen einzigen unbefruchteten Zelle, die aus dem Zellkern in Form des Dotters und dem weißen Eiweiß besteht. Die Stabilität des Hühnereis entsteht durch die spröde, kalkhaltige Eierschale, die von Wasser und Luft passiert werden kann. Die Durchlässigkeit der Eierschale zeigt sich zum Beispiel daran, dass beim österlichen Eierfärben ein Teil der Farbe durch die Kalkschale dringt und an der Membran hängen bleibt.

Membranen umhüllen ebenso die Mitochondrien, also der Theorie nach die ehemaligen Prokaryoten, in denen die Atmung vor sich geht; andere umgeben die Plastiden, und eine Gruppe von Plastiden entwickelte Chlorophyll, an dem im Sonnenlicht Fotosynthese stattfinden kann. Die pflanzliche Zelle war von Anfang an die einzige Zelle, die sowohl Plastiden sowie die daraus hervorgehenden Chloroplasten als auch Mitochondrien besaß. Pflanzliche Zellen sind in diesem Punkt tierischen Zellen überlegen, die nur Mitochondrien enthalten und Atmung, aber keine Fotosynthese betreiben können. Dieser Unterschied führt dazu, dass es ein Leben auf der Erde geben kann, das nur aus pflanzlichen Lebewesen besteht. Tierische Lebewesen müssen von den pflanzlichen Zellen mit Glukose oder daraus aufgebauten organischen Substanzen versorgt oder ernährt werden, und sie müssen Sauerstoff aufnehmen, damit in ihnen die Mitochondrien Atmung betreiben können.

Durch das Einsetzen der Fotosynthese von Pflanzen wurde die

Veränderung der gesamten Erde beschleunigt. Das lässt sich insbesondere an zwei großen Transformationen erkennen. Erstens wurde aus einer reduzierenden eine oxidierende Atmosphäre: Aus schwarzem Eisen an der Erdoberfläche entstand rotes Eisen, das unter dem Einfluss von Sauerstoff und Wasser zu «rosten» begann. Und zweitens wurde im Lauf von mehreren Milliarden Jahren ein ganz wesentlicher Anteil von Kohlenstoffdioxid in der Atmosphäre abgebaut. Dadurch verringert sich seit Milliarden von Jahren die Temperatur an der Erdoberfläche, mit der Folge, dass heutiges Leben möglich wurde, und zwar nicht nur im Meer, sondern auch auf dem Land. Ehemals war die riesige Menge an Sauerstoff, die 21 Prozent der erdnahen Atmosphäre ausmacht, mit Kohlenstoff verbunden, der heute in den Lebewesen und deren Fossilien in Form von organischen Stoffen oder Carbonaten, beispielsweise im Kalk, eingebaut ist. Allein die Fotosynthese der Pflanzen setzte diese gewaltige Menge an Kohlenstoff und Sauerstoff um.

Die eukaryotische Zelle ist das einfachste Ökosystem auf der Erde. In ihm werden organische Substanzen durch Fotosynthese aufgebaut und durch Zellatmung wieder abgebaut: Chloroplasten und Mitochondrien produzieren Gegensätzliches. Man mag sich dabei nach dem Sinn des Lebens fragen: Entspricht es einer Sisyphus-Arbeit, bei der es ständig zum Auf- und Abbau von Substanzen kommt? Wieso durchlaufen Stoffe permanent abwechselnd Chloroplasten und Mitochondrien? Und warum lassen sich auch alle anderen aufbauenden und abbauenden Prozesse in Lebewesen in einem Kreislauf anordnen? Es ist erstaunlich, dass alle Prozesse eines Ökosystems in Kreisläufe eingebunden sind, und der «Sinn» dahinter ist nicht zu erkennen. Das muss vielleicht auch nicht sein, aber der abwechselnde Auf- und Abbau der Stoffe gibt doch Anlass zur Verwunderung.

Zu beachten ist aber, dass nur die Stoffe einen Kreislauf zurücklegen, nicht aber die Energie. Diese trifft in Form von Sonnenenergie auf die pflanzlichen Zellen. Dabei wird Lichtenergie in chemische Energie umgeformt. Diese chemische Energie ist in der Glukose, dem Produkt der Fotosynthese, gespeichert. Wenn Glukose von den Mitochondrien bearbeitet und gespalten wird, so entstehen nicht nur chemische Stoffe, sondern es wird auch Energie übertragen: Sie treibt alle Prozesse innerhalb der Zelle an. Die Atmung, die Zerlegung der Glukose, braucht auch nicht in der pflanzlichen Zelle selbst betrieben zu werden. Vielmehr können Menschen und Tiere sich davon ernähren. Wir Menschen könnten unsere Energie gewinnen, indem wir als einziges Nahrungsmittel Zucker aufnehmen, auch wenn das nicht sonderlich gesund ist. Kaum etwas bringt uns einen derart guten Energieschub wie etwas Traubenzucker, den viele Menschen bei sich tragen, falls ihnen einmal «flau» wird und sie plötzlichen Hunger, das heißt Nahrungsmangel, verspüren.

Diese Energieumwandlung im Verlauf von Fotosynthese und Atmung ist irreversibel. Aus der in dem Zucker gespeicherten chemischen Energie wird Wärmeenergie freigesetzt. So wandelt sich im Ökosystem der pflanzlichen Zelle die Lichtenergie zuerst zu chemischer Energie um, daraus wird Wärmeenergie, und dieser Prozess ist unumkehrbar. Er verläuft nicht im Kreislauf, wie er sich für die Stoffe konstruieren lässt.

Und noch etwas anderes ist ein unumkehrbarer Prozess, und das betrifft die in der Fotosynthese aufgebauten organischen Stoffe. Ein großer Teil davon fließt in die Atmung der Mitochondrien ein, und zwar nicht unbedingt in der pflanzlichen Zelle selbst. Der Zucker kann auch in andere Teile der Pflanze transportiert und zur Nahrung von Organismen werden, die selbst keine Fotosynthese betreiben können. Das ist der Fall bei Tieren und Pilzen sowie einigen wenigen Pflanzen, die kein eigenes Blattgrün oder Chlorophyll besitzen.

Aus Glukose kann aber auch in den Zellen eine stoffliche Form von pflanzlicher Substanz aufgebaut werden, die sehr haltbar ist, die also nicht so ohne Weiteres von der Pflanze selbst oder auch von anderen Organismen abgebaut werden kann. Der wasserlösliche Zucker, der bei der Fotosynthese entstanden ist, schließt sich dabei mit vielen einfachen Zuckermolekülen zu einer anderen Form von Zucker zusammen. Je länger die Ketten aus Zuckerbausteinen werden, desto schlechter sind sie in Wasser löslich. Wenn sich langkettige Zellulose bildet, kann sie von den Pflanzenzellen nicht wieder zerstört werden, und auch tierische Organismen können sie nicht zerlegen. Nur bestimmte prokaryotische Mikroorganismen besitzen die Fähigkeit, Zellulose wieder abzubauen. Dabei kommt es zu Prozessen, die wir beispielsweise als Morschwerden von Holz, als Fäulnis oder Gärung bezeichnen.

Das ist die faszinierende Entwicklung, die sich im Ökosystem insgesamt abspielt: Aus den einfachen Komponenten Kohlenstoffdioxid und Wasser, aus anorganischen Stoffen, die kein Skelett aus Kohlenstoffatomen haben, werden organische Substanzen in Gestalt von Glukose und anderen einfachen Zuckern aufgebaut, die allesamt wasserlöslich sind. Sie können in Wasser innerhalb einer einzelnen Zelle, aber auch innerhalb eines vielzelligen Organismus überallhin transportiert werden. Mit Wasser gelangen sie auch von Zelle zu Zelle, aus dem Blatt in die Wurzel oder in den Spross. Dann können sie umgewandelt werden in langkettige Zuckermoleküle, die nicht mehr wasserlöslich und daher in gewisser Hinsicht unzerstörbar geworden sind. Die Zellulose, die auf diese Weise entsteht, ist der Baustein der Zellwand. Sie bildet lange Fibrillen, faserförmige Gebilde, die nicht nur unlöslich im Wasser sind, sondern dem Wasser sogar als Transportbahnen dienen. Die aus Zellulose aufgebaute Zellwand entspricht daher so gar nicht dem, was wir von einer Wand beim Hausbau fordern. Sie ist keineswegs trocken, vielmehr läuft Wasser an den Zellulosefibrillen in ihr entlang und kann dann durch die Membranen in das Zellinnere gelangen. Dort, wo das Wasser nicht an den Fasern entlangläuft, befindet sich auch Luft mit Sauerstoff, die ebenfalls in jede Zelle gelangen muss, um dort Atmung betreiben zu können. Die Zellwand ist also weder wasserdicht noch luftdicht. Aber sie ist auch nicht der äußere Abschluss der Zelle; diese Aufgabe übernehmen die Membranen. Die Zellwand verleiht vielmehr einem vielzelligen pflanzlichen Körper die notwendige Stabilität.

Im mikroskopischen Bild sieht sie aber wie eine Wand aus, und deshalb nannten die alten Mikroskopiker, die die einzelnen Zellulosefasern noch nicht erkennen konnten, diesen äußeren Bestandteil der Pflanzenzelle «Zellwand».

Sie täuschten sich auch in anderer Hinsicht: Sie benannten nämlich eine große Stoffmenge, die sich im Inneren der Pflanzenzelle befand, als Vakuole. Sie färbte sich nicht an, und der Schluss der Mikroskopiker war: Dieser Teil der Pflanzenzelle war wohl leer, ein Vakuum. Sie nannten diesen Teil daher «Vakuole», und damit hatten sie genauso wenig Recht wie die, die eine äußere Begrenzung der Zelle als «Zellwand» gesehen hatten. Beide Bezeichnungen leiten uns heute in die Irre. Denn so wenig die Zellwand die Wand der Zelle ist, sondern deren Stabilisierung, so wenig ist die Vakuole leer. Sie ist vielmehr mit allen möglichen Stoffen angefüllt, die in der Zelle als Speicherstoffe gebraucht werden oder die die Zelle produziert, aber noch nicht am Bestimmungsort eingebaut hat. Mit einer Membran ist sie gegenüber dem Zellplasma, der Grundmatrix der Zelle, abgegrenzt. Daher können sich im Zellplasma gänzlich andere Stoffe befinden als in der Vakuole.

Dass die Vakuole keineswegs leer ist, zeigt sich, wenn wir die Entwicklung der Pflanzenzelle betrachten, nachdem sie sich geteilt hat. Zu Anfang ist sie ganz klein und dünnwandig. Eine dicke, starre Wand darf sie nicht haben, denn die Zelle soll sich ja auch entlang der Wände teilen können. Allgemein gilt bei der Zellteilung: Die Zelle wächst nicht gleichzeitig, sondern teilt sich lediglich. Alle ihre Bestandteile oder Kompartimente sind dabei von der Teilung betroffen, die Kerne, die Mitochondrien, die Chloroplasten und andere Plastiden, die Vakuolen und all die anderen Zellorganellen, die einzelne Reaktionsräume oder Kompartimente ausbilden. Die beiden Tochterzellen einer Zellteilung erhalten genau das gleiche Volumen wie die Mutterzelle, ihre jeweilige Masse nach der Zellteilung entspricht also der halben Mutterzelle.

Erneut lässt sich das exakt mit den Vorgängen im Hühnerei vergleichen. Innerhalb des Eis kann sich eine einzige unbefruchtete Eizelle befinden. Es kann sich aber auch das gesamte Küken mit seinen unzähligen Zellen darin ausbilden. Die Masse des Ei-Inhaltes bleibt dabei genau gleich. Das Hühnchen beginnt sein Wachstum erst dann, wenn es aus dem Ei geschlüpft ist.

Erst nach der Teilung beginnen die Pflanzenzellen mit ihrem Streckungswachstum. Das bedeutet, dass sich ihre einzelnen Organellen oder Kompartimente in die Länge strecken. Vor allem kommt es zu einem enormen Wachstum der Vakuolen, und spätestens dann merkt man, dass sie nicht leer sind. Alle Stoffe, die in die Zelle einströmen, werden in Wasser gelöst und in der Vakuole abgespeichert. Aus diesen wasserlöslichen Substanzen können in der Folge andere Stoffe entstehen, auch solche, die in Wasser nicht mehr löslich sind. Der Einströmungsprozess wird namentlich durch Ionen gesteuert, die osmotisch wirksam sind, also Wasser anziehen. Bei den Pflanzen übernehmen Kalium-Ionen diese wichtige Funktion. Theoretisch könnte so viel Wasser in die Zelle einströmen, dass ihre Membranen so weit gespannt werden, dass sie platzen. Das aber wird dadurch verhindert, dass zugleich die Zellwand aufgebaut wird: Immer weitere Fasern legen sich übereinander, sie lösen sich wieder, werden erneut fest geknüpft. Und die Zellwände werden immer stabiler. Schließlich geben sie der Zelle einen festen Halt, und die Spannung, die die äußeren Membranen der Zellen belastet, wird abgebaut. Diese Form des Streckungswachstums lässt sich übrigens beim Hühnerei und bei den Küken nicht mehr erkennen. Denn die Eierschale ist aus Kalk, und in einem bestimmten Stadium erstarrt sie. Die Pflanzenzelle hingegen kann namentlich in einem jungen Stadium immer noch eine anders geknüpfte Zellwand aus Wandfibrillen oder Fasern erhalten, die sich in abgewandelter Form übereinanderlegen und eine Zeitlang eine weitere Ausdehnung der Vakuolen noch zulassen, dann aber immer fester werden und die Cytoplasma-Membranen entlasten.

Während sich die Zellen strecken, nehmen sie auch bestimmte Funktionen und Formen an. Bei mehrzelligen Organismen werden sie beispielsweise zu Zellen des Grundgewebes, des Parenchyms, in denen die Fotosynthese stattfindet. Oder es werden die Zellen der äußeren Epidermis daraus, die eine äußere Schicht aus Cutin oder Wachs entwickeln, über die nur wenig Wasser aus einem Pflanzenkörper nach außen dringen kann. Dieser Vorgang wird «Differenzierung» genannt.

Immer wieder wird bei diesen drei Prozessen von Teilung und Wachstum der Zellen davon gesprochen, dass es aufeinander folgend ein Teilungswachstum, ein Streckungswachstum und ein Differenzierungswachstum gäbe. Doch das ist nicht korrekt. Während der Teilung kann eine Zelle nicht außerdem noch wachsen, und das Gleiche gilt für die Phase der Differenzierung. Das eigentliche Wachstum der Zelle ist lediglich die Phase der Streckung, bei der sich vor allem die Vakuole enorm ausdehnt und durch den Bau der Zellwand ein Gegendruck aufgebaut wird. Gleichzeitig differenzieren sich die Zellen.

In unseren Biologiebüchern finden sich zwei Darstellungen von Zellen, die ganz am Anfang und ganz am Ende des Wachstums stehen. Am Anfang ist fast die ganze Zelle von Cytoplasma erfüllt, die Bereiche der Vakuolen sind winzig klein. Am Ende ist fast nur noch die große Vakuole in der Zelle zu sehen. Das Plasma mit dem Zellkern ist ganz an den Rand der Zelle gedrückt. Beide Abbildungen werden üblicherweise in gleicher Größe gegeben. Und auch das ist irreführend: Die Zelle, deren Inhalt fast vollständig von der (überhaupt nicht leeren!) Vakuole eingenommen wird, ist um ein Vielfaches größer als die embryonale Zelle, die sich teilen kann und fast nur Zellplasma enthält, aber nur eine ganz kleine Vakuole oder ganz kleine Vakuolenbereiche. Die Differenzierung der Zelle kann übrigens einen extremen Zustand der Zelle zur Folge haben: Sie kann dazu führen, dass die komplette Zelle innerlich abstirbt und von ihr nur die Zellwand erhalten bleibt. Sie ist dann zum Teil einer unveränderlichen leeren Röhre geworden. Natürlich braucht sie dann eine besonders feste Zellwand, die mit Lignin, dem Holzstoff versteift ist, um nicht zusammenzubrechen und nach innen zu schrumpfen. Sie ist dann nur noch Wand, aber einen lebenden Inhalt hat sie nicht mehr, nicht einmal eine Vakuole.

Die Entstehung tierischer Zellen und der Zellen von Pilzen lässt sich ebenfalls über die Endosymbiontentheorie erklären. Beide Zelltypen enthalten aber nur Mitochondrien, die man sich als ehemals selbständige Mikroorganismen vorstellt. Sie bilden damit keine in sich abgeschlossenen Ökosysteme, denn ihnen fehlen Plastiden oder

Chloroplasten. Organische Stoffe können in der Zelle nicht aus anorganischen Substanzen aufgebaut werden. Schon auf diesem Entwicklungsniveau wird deutlich, dass eine tierische Zelle nicht ohne eine pflanzliche Zelle leben kann, von der sie Nahrung und Sauerstoff bezieht. Tiere und Pilze sind zwar an weiteren Symbiosen beteiligt, die zu einem verbesserten Pflanzenwachstum führen (davon wird später die Rede sein). Aber vom Prinzip her könnten die Pflanzen ohne Tiere und Pilze wachsen, wenn auch vielleicht nicht so gut. Und noch etwas wird deutlich: Weil Pflanzen oder geeignete pflanzliche Nahrung nicht überall verfügbar ist, müssen Tiere nahrhafte Pflanzenteile oder ganze Pflanzen wahrnehmen können. Dazu brauchen sie Sinnesorgane, die Pflanzen nicht benötigen: Sie finden alle Voraussetzungen für ihr Leben am Standort, oder sie gehen ein, müssen absterben.

5

Die Algen im Meer

Das Leben im Meer entwickelte sich vor dem Leben auf dem Land. Denn dort gibt es nicht nur genug Wasser, sondern auch eine Fülle von Mineralstoffen, die Lebewesen benötigen. Das sind Ionen, die Stickstoff, Phosphor, Kalium, Magnesium, Schwefel und andere Elemente enthalten. Vor allem an der Oberfläche des Meeres stehen auch überlebenswichtige Gase zur Verfügung. Dort lebten die ersten Pflanzen, später auch die ersten Tiere. Wasserpflanzen, die keine Blüten und Früchte tragen, bezeichnet man populärwissenschaftlich als Algen. Damit meint man sehr vielfältige Gruppen von Organismen. Viele Algen sind Einzeller, in deren Körpern etliche Organellen enthalten sind. Es gibt auch viele Algen, die sich zu Kolonien zusammengefunden haben, Zellfäden oder Zellhaufen bilden. Sie sind zu groß, um von einzelligen Tieren als Ganzes erbeutet zu werden. Das mag ihnen das Überleben sichern, während einzelne Zellen verschlungen werden. Andererseits sind Zellkolonien auffälliger als Einzelzellen, könnten also von Tieren besser aufzuspüren sein. Bei Zellkolonien sind die Zellen zwar miteinander verknüpft, doch braucht es nicht unbedingt einen weiteren Zusammenhang zwischen den einzelnen Zellen zu geben.

Mehr als nur eine Kolonie ist der Thallophyt, der typische Körper großer Makro-Algen. Ein Thallus, wie man den vielzelligen Algenkörper nennt, und ein Thallophyt – die Pflanze, die aus einem Thallus besteht – besitzt mehrere Teile, die man voneinander unterscheiden kann (siehe Tafel 1). Ein Thallophyt kann riesig groß werden, einzelne

Makro-Algen zählen zu den am weitesten ausgedehnten Gewächsen. Unter den einzelnen Teilen eines Thallophyten besteht eine Differenzierung und daher eine «Arbeitsteilung», wie man sagt, was natürlich nicht meint, dass sich die Pflanze dessen bewusst ist. Mit einem Teil des Thallophyten ist die Pflanze an felsigen Böden festgeheftet. Felsige Böden, bis zu denen das Meer reicht, gibt es an Steilküsten, an denen Felsen abbrechen. Von ihnen war bereits die Rede. Sowohl die noch in die Küste inkorporierten Felsen als auch größere Felsbrocken, die auf den Strand unterhalb der Felsen gefallen sind, können von Thallophyten bewachsen werden. Auch dort, wo Felsen sich unter Wasser fortsetzen, sind Thallophyten festgewachsen. Nur gelegentlich werden sie zerstört, wenn ein Stück Felsen abgebrochen wird. Aber die frischen Kanten, die sich dabei am Stein bilden, sind rasch erneut bewachsen. Ein besonders interessanter Lebensraum ist eine Steilküste, die von Tiden beeinflusst wird. Sie befindet sich zeitweise im Wasser und taucht regelmäßig wieder daraus empor. Man nennt alle zeitweise von Wasser bedeckten Küstenbereiche Watt; an einer felsigen Küste ist ein Felswatt zu finden.

Den Teil des Thallophyten, der fest mit dem Felsuntergrund verbunden ist, nennt man Rhizoid, weil er einer Wurzel, auf Griechisch «rhiza», ähnelt. Rhizoiden der Algen nehmen aber keine Stoffe aus dem Boden auf wie eine Wurzel. Bei Algen, die vollständig vom Meerwasser umgeben sind und mit allen lebensnotwendigen Mineralstoffen und Wasser versorgt werden, ist das nicht nötig. Die Rhizoide der Algen können Fotosynthese betreiben, was bei einer Wurzel nicht der Fall ist.

Mit dem Rhizoid ist ein Cauloid verbunden, das einem Stängel ähnelt; bei dessen Benennung stand der lateinische Begriff «caulis» Pate, der für den Stängel einer Blütenpflanze verwendet wird. Das Cauloid ist kein richtiger Stängel, weil in ihm keine Mineralstoffe transportiert werden müssen wie in einem echten Stängel oder Stamm. Die gesamte Makro-Alge, der gesamte Tang ist vom Meerwasser umgeben, daher gibt es keine Stoffleitung von den Wurzeln oder ihnen entsprechenden Pflanzenteilen zu den Blättern oder einem Äquivalent dazu. Den größten Betrag an Fotosynthese leisten die Tange mit Organen, die man Phylloide nennt. Diese Bezeichnung ist wiederum aus dem Griechischen entlehnt: Phyllon ist das Blatt, und das Phylloid ist ein blattähnlicher Teil des Tanges. Bei vielen Arten von Tangen treibt das Phylloid so dicht wie möglich an die Wasseroberfläche. Dort dringt nicht nur das meiste Sonnenlicht in das Wasser ein, sondern es ist auch am meisten Kohlenstoffdioxid verfügbar, das im mehr oder weniger vor sich hin dümpelnden Wasser in tiefere Schichten hereingezogen und gelöst wird.

Einige Tange sind besonders große Organismen, sie werden bis zu sechzig Meter lang. Und sie stehen dicht bei dicht im flachen Wasser. Sie bilden dann einen sogenannten Tang-Wald oder Kelp-Wald; Tang wird auf Englisch und auch in manchen Regionen, in denen Niederdeutsch gesprochen wird, «Kelp» genannt.

An von Tiden geprägten Küsten, an denen die Flutströmung den Wasserspiegel steigen und die Ebbströmung das Wasser zurückweichen lässt, richten sich die Tangkörper möglichst so aus, dass sie sowohl bei hohen als auch bei niedrigen Wasserständen an so viel Sonnenlicht und Kohlenstoffdioxid wie möglich gelangen. Der Wasseroberfläche kommen sie durch einfachen Auftrieb nahe. Selbstverständlich ist auch das ein passiver Vorgang, die Pflanze gelangt durch physikalische Prozesse, mit Strömungen sowie dem Steigen oder Fallen des Meerwasserstandes, an den günstigsten Ort für die Fotosynthese.

Es kann auch passieren, dass das Wasser sich den Tidenströmungen entsprechend so weit zurückzieht, dass der Tang freiliegt. Nun trocknet er nicht vollständig ab, denn von schleimigen Polysacchariden wird Feuchtigkeit zurückgehalten. Sie machen es außerordentlich schwierig, sich im Felswatt auf Tang fortzubewegen, denn der Schleim ist ausgesprochen glitschig. Er hält Wasser fest, so dass im Algenkörper auch dann noch Fotosynthese betrieben werden kann, wenn er nicht mehr von Meerwasser bedeckt ist, und das sogar besonders gut. Denn der außerhalb des Wassers liegende Tang kommt an noch mehr Kohlenstoffdioxid heran, den einen Rohstoff der Fotosynthese. In der Luft ist mehr von dem Gas enthalten als im Wasser. Und Wasser, der andere Stoff, den die Pflanze zur Fotosynthese benötigt, wird dann in ausreichenden Mengen so lange zurückgehalten, bis das Wasser in der Flutströmung wieder ansteigt und den Tang bedeckt. Man kann beobachten, dass einzelne der schleimigen Phylloide sich übereinanderlegen und bei Niedrigwasser kleine Staubecken bilden, sogenannte Rock-Pools, in denen besonders große Mengen an Wasser zurückgehalten werden. Im Watt sind daher die Voraussetzungen, um Fotosynthese zu betreiben, sogar besonders gut. Viele Tiere des Meeres und der Meeresküste können auch während niedriger Wasserstände zwischen den Phylloiden von Algen in ausreichend Wasser im Felswatt überleben.

Einzellige und vielzellige Algen stehen am Beginn mariner Nahrungsnetze; zahlreiche Tiere ernähren sich von ihnen und nehmen dann auch den Sauerstoff auf, den die Algen zuvor bei der Produktion organischer Stoffe an die Atmosphäre abgegeben haben. Die meisten Algen kommen als fotosynthetisch aktive Organismen im flachen Wasser vor. Auch viele Tiere leben in diesen Meeresbereichen und finden dort reichlich Nahrung. Eine weitere Nahrung für Tiere sind im Plankton lebende kleine, oft einzellige Algen. Sie schweben und treiben in den obersten Wasserschichten. Dabei werden sie in einer Höhe gehalten, in der sie noch genug Licht bekommen, um Fotosynthese betreiben zu können. Doch Algen sinken, wenn sie abgestorben sind, in tiefere Meeresschichten, wo sie Nahrung für Organismen der Tiefsee sind. Auch lebende Algen können in tiefere Meeresbereiche absinken, in denen sie nicht mehr genug Licht bekommen, weswegen sie absterben und anschließend gefressen werden.

In der Tiefsee sind Tiere oder tierische Zellen den Pflanzen überlegen. Sie können nämlich in der völlig dunklen Tiefsee leben, in der Pflanzen nicht existieren können. Erst in mehr als 8000 Meter Wassertiefe ist der hydrostatische Druck zu groß für ein Überleben von Fischen.

Die Kleinlebewesen des Planktons werden von den Strömungen des Meeres auch in die flachen Bereiche an den Ausgleichsküsten, an Strandseen oder Haffs getragen. Das sind für sie besonders günstige Lebensräume. Wenn sich im flachen Wasser höhere Temperaturen entwickeln, vermehren sich Einzeller und andere Kleinlebewesen rascher. In flachen Küstenbereichen lagern sich besonders viele Mineralstoffe an Spülsäumen ab, die von den Algen aufgenommen werden können. Ist ein solcher Bereich von Tiden beeinflusst, bleiben Organismen des Planktons zeitweise auf der feinkörnigen Oberfläche liegen, genau dort, wohin mit sanften Strömungen nur feines Sediment mit dem Wasser gespült worden war. Dort bildet sich dann ein Schlickwatt aus, das große Flächen mit sehr geringen Höhenunterschieden einnehmen kann; das Wasser kann sich bei Ebbe kilometerweit zurückziehen. Ein solcher Bereich ist an der Nordseeküste der Deutschen Bucht sehr gut ausgeprägt. Dort besteht das wohl größte Schlickwatt der Erde. Hier wird mehr Fotosynthese betrieben als im Tropischen Regenwald!

Einzellige Algen, die auf der Oberfläche des Schlickwatts liegen bleiben, scheiden genauso wie ihre vielzelligen Verwandten einen Schleim aus, der Wasser über die Dauer einer Tide festhält. Das gilt vor allem für Kieselalgen, die auch «Diatomeen» genannt werden. Die Ebbe nimmt nicht alles Wasser von der Wattoberfläche mit; ein kleiner Teil davon bleibt im Algenschleim haften. Die Algen können deswegen auch während der Niedrigwasserphase Fotosynthese betreiben, und das sogar besser als in der Zeit, in der sie als Plankton im Wasser treiben oder von Wasser bedeckt sind. Denn das Wasser reicht als Rohstoff für eine reichliche Fotosynthese aus, bis die Flut wieder einsetzt und das Watt mit neuen Wellen überzieht. Mineralstoffe sind im Wasser stets verfügbar, und die Sonne scheint auf die Wattoberfläche sogar ungebrochen durch Wasser. Zudem gelangt hier mehr Kohlenstoffdioxid aus der Atmosphäre zu den kleinen Einzellern. Betrachtet man eine kleine Menge der Wattoberfläche unter dem Mikroskop, sieht man die Kieselalgen mit ihren faszinierenden Kieselsäureskeletten als intensiv grüne Punkte. Das flache Schlickwatt erweist sich sogar als der produktivste Lebensraum der Erde. Denn alle Voraussetzungen für die Umwandlung von Kohlendioxid und Wasser unter unbehindertem Sonnenschein sind dann optimal, wenn die Kieselalgen an der Oberfläche des Watts Fotosynthese betreiben.

Kleine Tiere weiden die Wattoberfläche ab, etwa die Wattschnecke. Die Algen mit ihren schleimigen Ausscheidungen schließen die Wattoberfläche aber so gut wie hermetisch gegenüber dem Untergrund ab, so dass zwar sehr große Sauerstoffmengen von den Algen abgegeben werden, aber nichts davon in den Untergrund gerät: Das Eisen wird reduziert, verbindet sich mit Schwefel und färbt sich schwarz. Erst wenn der Wattwurm Löcher in den Boden gräbt, dringt Sauerstoff dorthin vor und färbt das Eisen wieder rot, so wie es sein soll in einer oxidierenden Atmosphäre. Über den Algenrasen stehen dicht bei dicht Luftblasen, die sich während der Fotosynthese mit großen Mengen an reinem Sauerstoff anfüllen. Der Sauerstoff stammt aus dem Kohlendioxid, das bei der Fotosynthese der Diatomeen verbraucht wurde. Gleichzeitig produzieren die Algen große Mengen an organischer Substanz. Ein Teil davon wird von Tieren gefressen, ein großer Teil lässt aber die Algen wachsen, so dass sie sich teilen und sich asexuell oder ungeschlechtlich vermehren. Jede ihrer Tochterzellen bekommt eine Hälfte des Kieselsäurepanzers, zu dem sich ein neues Unterteil bildet. Die obere Panzerhälfte, die «Epitheka» genannt wird, baut eine neue untere Hälfte auf, die «Hypotheka» heißt. Die Hypotheka der sich teilenden Kieselalge wird zur Epitheka einer neuen. Bei ihr wird die Hypotheka dabei etwas kleiner. Auf diese Weise werden die oft «Hutschachteln» ähnelnden winzigen Panzer der Diatomeen bei jeder Teilung kleiner. Das geht so lange gut, bis der Inhalt im Panzer ein Minimum unterschreitet. Dann muss es zu einer sexuellen oder geschlechtlichen Vermehrung der Kieselalgen kommen; die Panzer erhalten dann wieder ihre ursprüngliche Größe. An Nachschub für Kieselsäure besteht im Watt übrigens kein Mangel: Er kommt aus dem Quarz der Sand- und Tonpartikel, die im Schlickwatt abgelagert werden.

Im Schlickwatt werden noch weitere mineralische Bestandteile festgehalten, vom Algenschleim fixiert. Das Schlickwatt ist daher ein wachsendes Sediment, in dem die biologische Produktion zur Ansammlung von Materie führt, und das in einem Umfang, der weltweit einmalig ist. Das ist ein überaus wichtiges Argument dafür, warum dieses Ökosystem unseren besonderen Schutz verlangt: In ihm werden riesige Mengen an Kohlenstoffdioxid in organische Materie umgebaut.

Das Watt wächst also auf, und das kann zur Landgewinnung führen. In einer Ära, in der noch keine Menschen auf der Erde lebten, spielte das aber keine Rolle. Der damals stattfindende Vorgang legt einen anderen Blickwinkel nahe: Flache Meeresbereiche verlandeten, und es entstand Sediment, beispielsweise Erdöl und Erdgas. Die organische Materie aus abgestorbenen Algen sammelte sich immer weiter an, Sauerstoff hatte keinen Zutritt. Unter Druck wurden die organischen Reste, die die Algen aufgebaut hatten, zum später einmal sehr begehrten Sediment, das als Rohstoff abgebaut wird.

Wenn sich das Leben an flachen Meeresküsten stürmisch entwickelte, und zwar nicht nur in Form sich massenhaft ausbreitender Algen, sondern auch als eine Lebenswelt, die im gesamten Nahrungsnetz von den Algen mit organischer Substanz versorgt wurde, waren alle Pflanzen und Tiere im Flachmeer einer besonderen Gefahr ausgesetzt. Denn war ihr Gewässerbereich komplett verlandet, ging ihr Lebensraum verloren, und es gelang keinem dort vorkommenden Lebewesen, den Flachmeerbereich rechtzeitig zu verlassen, solange er noch von etwas Wasser bedeckt war. So starben immer wieder Arten von Pflanzen und Tieren aus, die sich in kleineren oder größeren Flachmeerbereichen entwickelt hatten. Bei der besonderen Lebensfülle, die zuvor geherrscht hatte, müssen das stets kleine oder auch große Katastrophen gewesen sein.

Aus der Betrachtung der Fossilien weiß man, dass immer wieder zahlreiche Pflanzen- und Tierarten ausstarben. Als Ursachen dafür gelten beispielsweise Klimaschwankungen, Vulkanausbrüche und Meteoriteneinschläge, also exogen auf die Lebenswelten sich auswirkende Katastrophen. Keine Frage: Diese hat es durchaus gegeben. Man übersieht dabei aber die endogene Katastrophe der Verlandung, vor der die Fülle des prallen Lebens in den flachen Meeresbereichen bestanden hat. Ob es sich nun um das Aussterben der Dinosaurier oder der Ammoniten oder einer anderen Gruppe von Lebewesen gehandelt hat: Sicher kann der Meteoriteneinschlag als Ursache dafür in Frage kommen. Am wahrscheinlichsten ist jedoch die immer wieder neu auftretende Katastrophe der Verlandung eines flachen Meeresbereichs. Sie verläuft umso schneller, je stärker die biologische Produktion der Algenrasen ist. Dass sie aber schon vor Millionen von Jahren stark war, davon zeugen die reichen Erdölvorkommen auf der Erde, die sich noch immer weiter fördern lassen.

Darüber hinaus ist noch ein besonderes Ökosystem zu erwähnen, dass es ebenfalls schon unermesslich lange gibt und in dem biologische Produktion betrieben wird – und zwar unter empfindlichsten Bedingungen: das Korallenriff. Besucht man ein solches Riff, sieht man die Korallen, die sessile, festsitzende Tiere sind, und ist fasziniert von der großen Fülle an Lebewesen, die zwischen den Riffen herumschwimmen. Korallenriffe gehören zu den artenreichsten Ökosystemen der Erde, die sich in tropischen Gewässern bei einer dauerhaft herrschenden Wassertemperatur von mindestens 20 Grad Celsius ausbilden können. Zumindest auf den ersten Blick übersieht man aber die Lebewesen, die das ganze Korallenriff ernähren. Es sind einzellige Algen, sogenannte Zooxanthellen, die verschiedenen Gruppen von fotosynthetisch aktiven Lebewesen angehören. Sie leisten die gesamte biologische Produktion für die Korallen und die vielen anderen Tiere des Korallenriffs, und zwar am besten im flachen Wasser, weil dorthin am meisten Sonnenlicht gelangt.

Korallenriffe können sehr hoch sein, dann bildeten sie sich während einer Zeit des langfristigen Meeresspiegelanstieges oder als das Land langsam immer weiter absank. Derzeit besteht die Angst, dass die Meeresspiegel zu schnell ansteigen und so das Wachstum der Korallenriffe nicht schnell genug erfolgen könnte, um immer wieder direkt an der dann höher gelegenen Meeresoberfläche positioniert zu werden.

6

Tatsachen und Rätsel zur ersten Landpflanze

Die Prozesse, die von der Entstehung des ersten Lebens prokaryotischer Bakterien zu vielzelligen Makroalgen geführt haben, können für eine lange Kette an großen Wundern gehalten werden. Die Wahrscheinlichkeit dafür, dass sich alle diese Entwicklungen im Verlauf einer Evolution des Lebens abspielen, ist verschwindend gering. Man sollte dabei allerdings die sehr langen Zeiträume bedenken, in denen sich die mannigfaltigen Formen des Lebens ausbildeten. Einige Milliarden an Jahren sind eine immens lange Periode. Das Leben hat sich keineswegs nur mit einem Schritt entwickelt und verändert. Vielmehr lassen sich zahllose Entwicklungsschritte aufzeigen, die die Entstehung des Lebens prägten. Immer wieder erschienen neue Lebewesen auf der Bühne, und andere verschwanden. Ein Teil der Arten von Lebewesen wandelte sich im Lauf der Zeit nur geringfügig. Sie lebten und überlebten in Ökosystemen, in denen die Lebensbedingungen nahezu konstant blieben. Andere veränderten sich schneller. Betrachtet man eine Reihe von nacheinander lebenden Organismen, die sich sukzessive entwickelten, kann man eine konservierende von einer gerichteten Evolution unterscheiden. Sie betrifft jeweils die gesamte Population oder Art, nicht aber das Individuum; denn das kann sich in graduell ausdifferenzierenden ökologischen Bedingungen weder verändern noch anpassen und auch nicht angepasst werden. Innerhalb einer Population gibt es mit der Zeit unterschiedliche Individuen, die an bestimmte ökologische Gegebenheiten besser angepasst sind als andere; sie werden gefördert, und deswegen entsteht der Eindruck, dass sich die gesamte Population anpassen würde.

Der hypothetische Entwicklungsschritt von einer Wasserpflanze, die am Boden verankert ist und im Wasser treibt, zu einer Landpflanze, die im Boden wurzelt, ist ebenso wie alle anderen Stufen, die die Entwicklung des Lebens erklommen hat, enorm hoch. Eine Landpflanze kann nur dann überleben, wenn sie *erstens* Wasser und Mineralstoffe aus dem Boden oder dem flachen Wasser bezieht, wenn es *zweitens* einen Transport von Wasser und Mineralstoffen in ihrem Spross gibt, wenn *drittens* aus fotosynthetisch aktiven Zellen organische Substanzen in andere Pflanzenteile gelangen, in denen keine Fotosynthese stattfindet, und wenn *viertens* eine Art von Haut oder Abschlussgewebe der Pflanze ausgebildet ist, wodurch eine unkontrollierte Wasser- und Mineralstoffabgabe nach außen in die Atmosphäre verhindert wird. Darüber hinaus lassen sich noch weitere Eigenschaften aufzählen, die eine Landpflanze unbedingt haben muss. Die Wahrscheinlichkeit dafür, dass eine Pflanze alle diese Eigenschaften, die sie zum Landleben befähigten, im Lauf der Evolution im gleichen Augenblick besaß, kann man nicht eben groß nennen.

Man nimmt an, dass nicht von Makroalgen abgeleitete Pflanzen die ersten Organismen waren, die sich an Land ausbreiteten, sondern Pilze. Pilze galten bis weit ins 20. Jahrhundert hinein als besondere Formen von Pflanzen. Davon spricht man heute nicht mehr; die Pilze sind vielmehr ein ganz eigenes Reich von Organismen – neben den Reichen der Pflanzen und der Tiere. In mancher Hinsicht haben Pilze sogar mehr Gemeinsamkeiten mit Tieren als mit Pflanzen. Auf jeden Fall brauchen sie organische Substanz zum Überleben, denn sie besitzen keine Plastiden, also auch keine Chloroplasten, und können keine Fotosynthese betreiben. Sie können somit nicht auf dem Land leben, ohne von einer Pflanze organische Substanz zu erhalten. Es gibt Indizien dafür, dass Pilze innerhalb der Symbiose einer Flechte auf dem Land existierten. In Flechten leben Cyanobakterien oder einzellige Grünalgen und Pilze in enger Gemeinschaft. Pilze geben den Flechten ihre äußere Gestalt, sie nehmen Wasser und Mineralstoffe auf, die sie auch an die Cyanobakterien und Algen liefern. In der Flechte leben nur solche Cyanobakterien, die zur Fotosynthese in der Lage sind, eukaryotische Algen sind dies ohnehin. Über die Fotosynthese werden organische Substanzen aufgebaut, die nicht nur dem Prokaryoten oder der Alge zur Verfügung stehen, sondern von denen auch der in der Symbiose lebende Pilz profitiert.

Aus der Flechtensymbiose heraus könnte ein Pilz auch in eine Symbiose mit einer vielzelligen Pflanze eingetreten sein, die sich als «Nachkomme» einer Makroalge entwickelte, vielleicht am ehesten einer Grünalge. Nach einer Mutation und einer anschließenden Selektion war sie in der Lage, gemeinsam mit dem Pilz an Land zu leben. Der Pilz nahm wie zuvor Wasser und Mineralstoffe auf und stellte beides der vielzelligen Pflanze zur Verfügung. Die Pflanze lieferte die Assimilate, die Stoffe, die sie in der Fotosynthese aufbaute.

Die ältesten Fossilien von Flechten stammen aus Schichten, die ungefähr 600 Millionen Jahre alt sind. Die Fossilien der ältesten Landpflanze sind etwa 400 Millionen Jahre alt. Sie existierte also zu einer Zeit, in der es Flechten und damit auch Pilze schon längst auf dem Land gab. Dies hatte für die erste Landpflanze deswegen große Bedeutung, weil ihre Wurzeln kaum schon so weit entwickelt waren, dass sie genug Wasser und Mineralstoffe aufnehmen konnten. Eine sehr alte Symbiose, die zwischen höherer Pflanze und Pilz, hat sich schon damals entwickelt, als zum ersten Mal erfolgreich eine Pflanze auf dem Land wuchs: die Mykorrhiza. Diese Symbiose ist heute sehr weit verbreitet. Oft wird diese enge Bindung schon durch die Namen von Pflanze und Pilz angezeigt. Birkenpilze wachsen nur unter Birken, ausschließlich dort findet man deren charakteristische Sporenträger – die richtige Bezeichnung für die oft fälschlicherweise Fruchtkörper genannten Teile der Pilze. Dabei handelt es sich nur um Teile von Pilzen, diejenigen, die wir auch für ein Pilzgericht sammeln. Zum gesamten Pilzkörper gehören vor allem Hyphen, lange Zellfäden, die ein vielfach in sich gewundenes, verzweigtes Mycel bilden. Die Hyphen bestehen aus langen Reihen von Zellen, deren Querwände aufgelöst sind. Daher werden Hyphen zu langen Röhren, in denen Wasser und

Mineralstoffe über kleinere oder auch größere Entfernungen transportiert werden können. Eine Pflanze, die mit einem Pilz eine Mykorrhiza bildet, nimmt daher aus einem viel größeren Raum Wasser und Mineralstoffe auf, als wenn der Pilz mit seinen mannigfach verzweigten Röhren nicht vorhanden wäre. Der Pilz dagegen ist auf die Lieferung von Assimilaten der Pflanze angewiesen. Sein gesamter Körper samt der Sporenständer wird von organischen Stoffen aufgebaut, die ihm von der Pflanze geliefert werden.

An früherer Stelle war bereits die nicht zu beantwortende Frage gestellt worden, ob die eukaryotische Zelle aus einer oder ob sie aus mehreren Einheiten besteht, die erst durch die Endosymbiontentheorie zueinander gefunden haben. Bei der Flechtensymbiose und der Mykorrhiza haben wir es erneut mit einem Problem von Deutungen und Definitionen zu tun. Die Flechte fassen wir als einen einzigen Organismus auf, der aber eigentlich aus Cyanobakterium oder Alge und Pilz besteht. Bei der Mykorrhiza hingegen betrachten wir Pflanze und Pilz als jeweils eigene Individuen und haben für beide Organismen auch eigene Artnamen. Das ist eigentlich nicht konsequent: Sind die beiden Individuen der Mykorrhiza nicht so eng aufeinander angewiesen, dass wir Birke und Birkenpilz, Lärche und Lärchenröhrling als einen einzigen Organismus auffassen müssten? Auch diese Frage kann gestellt, aber nicht beantwortet werden.

Bei Baum und Pilz hat man sich dafür entschieden, sie als zwei Arten zu betrachten. Unklar ist die Benennung von Flechten. Aber auch das wird in der Praxis klar gehandhabt. Da ist die Flechte (als Gemeinschaft aus Alge und Pilz) die Art, und man fasst die Symbiose als ein Individuum auf.

Tatsächlich fand man am Beginn des 20. Jahrhunderts in Schottland eine fossile Pflanze, in der man eine mögliche erste Landpflanze erkannte. Nach ihrem Fundort Rhynie in Aberdeenshire im Norden Schottlands nannte man sie «Rhynia». Die Versteinerungen von Rhynia sind erstaunlich gut erhalten; es lassen sich zahlreiche anatomische Details identifizieren. Sie belegen eindeutig, dass Rhynia eine Landpflanze war. Einige Zellen in ihrem Inneren waren als Leitbahnen für

Wasser und Mineralstoffe geeignet. Sie besaßen nämlich ring- und schraubenförmige Verstärkungen an den Zellwänden, die darauf hinweisen, dass bei diesen Zellen der Inhalt abgestorben war, so dass sie Bahnen für Wasser und Mineralstoffe bilden konnten. Ohne eine Verstärkung der Wände, eine Verholzung, wären diese toten und hohlen Zellen sofort in sich zusammengefallen und hätten niemals Wasser leiten können. Rhynia und die verwandte Cooksonia haben aufrechte, innen ausgesteifte Sprosse, die von der kriechenden Grundachse abzweigen – wie bei einem Bärlapp (siehe Tafel 2). Es gab auch außen am Spross gelegene Zellen, die eine äußere Wachsschicht auf der Pflanze synthetisierten. Die wasserabweisenden Wachse verhinderten eine unkontrollierte Abgabe von übermäßig viel Wasser an das Äußere der Pflanze. Wenig Wasser dagegen durfte kontrolliert austreten. Dieser Vorgang wurde durch Spaltöffnungen geregelt.

Der Tübinger Botaniker Walter Zimmermann (1892–1980) entwickelte zur Anatomie von Rhynia die wichtige Telomtheorie. Sie geht davon aus, dass es bei Rhynia gabelteilige Verzweigungen von Sprossabschnitten gab: Ein Abschnitt oder Telom der Pflanze trennt sich in zwei Abschnitte oder Telome auf. Das ist auch bei Makroalgen verbreitet, etwa bei der Gabelzunge Dictyota dichotoma. Bei Rhynia kommt es aber in einem weitergehenden Prozess zur Übergipfelung, bei der ein Telom länger oder wichtiger werden konnte als ein anderes, mit dem es gemeinsam aus einem Telom entsprang. Und es kam zu einer Planation, das heißt, einzelne Telome ordneten sich in einer Ebene nebeneinander an. Sie konnten durch Grundgewebszellen oder Parenchyme miteinander verbunden werden, so dass ein flächiges Gewebe entstand. Es kam also zu einer Verwachsung. Möglich war auch eine Reduktion, bei der ein untergeordnetes Telom verkümmerte oder gar nicht ausgebildet wurde. Schließlich ist als ein weiterer Vorgang die Einkrümmung zu nennen, bei der sich ein Telom dem Erdboden zuwandte.

Alle diese Vorgänge sind wichtige Voraussetzungen dafür, dass sich eine wahre Vielfalt an Landpflanzen mit einer überwältigenden Fülle an unterschiedlichen Formen herausbilden konnte. Diese Landpflanzen unterscheiden sich deutlich von den Thallophyten. Sie haben

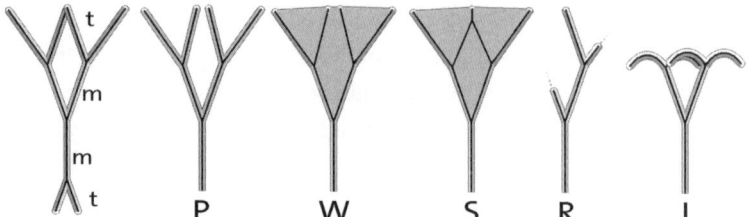

Die Telomtheorie zur Herausbildung der Pflanzengestalt (nach Zimmermann) mit Telomen (t) und sie verbindenden Mesomen (m). Dargestellt sind die Planation von Telomen (P), Verwachsung (W und S), Übergipfelung und Reduktion (R) sowie die Einkrümmung (I).

nicht mehr nur ein Rhizoid, mit dem sie am Boden haften, sondern eine Wurzel, mit der sie an einem Ort festgehalten werden und zugleich Wasser und Mineralstoffe aufnehmen. Eventuell sind sie mit Hyphen der Pilze verbunden, die ihnen zusätzliche Mengen an Wasser und Mineralien zur Verfügung stellen. Anstelle eines bei Thallophyten ausgebildeten Cauloids, das Rhizoid und Phylloid miteinander verbindet, gibt es bei der typischen Landpflanze einen Spross, Stängel oder Stamm, durch den mannigfaltige Stoffe zwischen Wurzeln und Blättern transportiert werden. Und auch die Ausbildung von Blättern ist sehr viel komplexer als die Bildung von Phylloiden. Phylloide müssen kein äußeres Abschlussgewebe, keine Spaltöffnungen besitzen, denn aus ihnen wird kein Wasser abgegeben. Die Wasserabgabe des Blattes dagegen ist ein sehr komplizierter Prozess. Schließlich gibt es bei Landpflanzen ganz andere Wege der Ausstreuung von Sporen, Pollenkörnern oder Samen und Früchten als bei den Sporen der Thallophyten. Dafür ist es wichtig, dass sich Sprosse einkrümmen können, wie es in der Telomtheorie Zimmermanns beschrieben ist.

Der Körper einer Pflanze, die sich ähnlich wie ein Thallophyt entwickelt, wird «Kormophyt» genannt. Er besteht aus einem Kormus, der Einheit aus Wurzel, Spross und Blatt. Im Lauf der Jahrmillionen wurden immer neue, immer mehr Orte des Landes von Vegetation überzogen. Auf immer bessere Weise nahmen bestimmte Pflanzen-arten Wasser und Mineralstoffe aus dem Boden auf, und es entwickelten sich sowohl Pflanzen, die diese Stoffe speichern konnten, als auch andere, an deren Außenflächen die Abgabe von Wasser besonders weitgehend verhindert wurde.

Die Entwicklungswege der Pflanzen des Meeres und des Landes waren von nun an getrennt. Gewächse des Meeres können an Land nicht existieren. Die meisten Landpflanzen wachsen dagegen dort nicht, wo es selbst ganz selten zu einer Überflutung mit meersalz-haltigem Wasser kommt. Kochsalz ist für die meisten Landpflanzen ein tödlich wirkendes Gift, denn es entzieht den Pflanzen sämtliches Was-ser, das sie – gerade weil sie außerhalb des Wassers leben – so dringend benötigen.

Thallophyten werden zu den niederen Pflanzen gerechnet, die meisten Kormophyten zu den höheren. Diese Kategorisierung bedeu-tet aber nicht, dass die eine Gruppe von Gewächsen mehr wert ist als die andere oder tatsächlich höher entwickelt. Es gibt nicht die eine «Krone der Schöpfung». Die Evolution der Organismen führte dazu, dass nur Kronen der Schöpfung bis auf den heutigen Tag überleben können. Und das sind alle Pflanzen, Tiere, Pilze und Mikroorganis-men. Wären sie nicht alle auf ihre Art Kronen der Schöpfung, wären sie längst ausgestorben.

7

Die Wurzel

Auf den letzten Seiten wurde dargestellt, wie eine typische Landpflanze entstanden sein könnte. Wird in diesem Buch nun endlich die Rede von üppigen botanischen Gärten, Pflanzensammlungen und einer Blütenfülle sein? Da muss ich um noch ein wenig mehr Geduld bitten, denn so weit ist die Darstellung der Pflanzen noch nicht gediehen. Ja, es soll jetzt um die Teile einzelner Landpflanzen gehen, aber Blüten und Früchte sind keine Teile aller Landpflanzen, sondern nur Variationen ihrer Grundorgane. Zunächst einmal müssen die Teile dargestellt werden, die bei jeder Landpflanze zu finden sind.

Der Kormophyt, die typische Landpflanze, besteht aus Wurzel, Spross und Blatt. Diese Einheit wird «Kormus» genannt. Blüten und Früchte sind einerseits abgewandelte Blätter (als Kelchblätter, Blütenblätter, Staubblätter, Fruchtblätter) und können andererseits als Verlängerungen des Sprosses aufgefasst werden. Das trifft auf den Stempel des Fruchtknotens zu.

Beginnen wir zunächst einmal mit dem Grundorgan der Wurzel, durch die eine Pflanze an einem Standort verankert ist. Aber nicht nur das: Über die Wurzel nimmt die Pflanze Wasser sowie sämtliche für ihre Existenz notwendigen Mineralstoffe auf. Die Wurzelspitze taugt dafür allerdings nicht. Dort teilen sich nämlich die Wurzelzellen in einem Meristem; so nennt man eine Zellteilungszone. Meristematische Zellen sind sehr klein und dicht von Zellplasma und den Organellen gefüllt, die Vakuolen haben nur eine geringe Ausdehnung. Auf den zarten Membranen liegen nur allenfalls einige wenige Zellu-

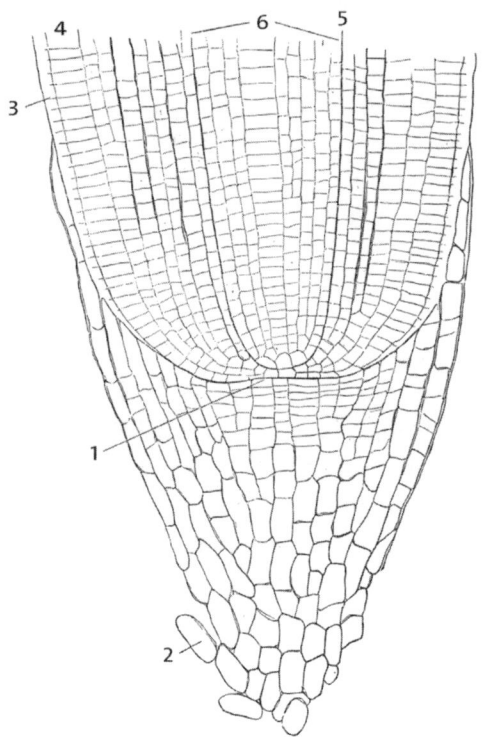

Längsschnitt durch
die Wurzelspitze
der Gerste:
1 Meristem
2 Wurzelhaube/
  Kalyptra
3 Rhizodermis
4 Parenchym
5 Endodermis
6 Zentralzylinder

losefibrillen, die sich noch nicht fest miteinander verbunden haben.
Andernfalls wäre die Zellteilung erschwert. Leicht könnten diese
kleinen, zarten Zellen an der Spitze der Wurzeln beschädigt werden,
vor allem wenn die Wurzelspitze an scharfkantigen Gesteinsbestand-
teilen vorbei in den tieferen Untergrund geschoben wird. Wie das
funktioniert, wird später beschrieben. Einige Zellen an der Wurzelspitze werden bei diesem Vorgang allerdings «geopfert». Sie werden
von Bruchkanten und Kristallen der Sandkörner und Tonpartikel
aufgerissen, so dass ihr Zellinhalt hervorquillt und eine schleimige
Masse bildet, die man als Wurzelhaube oder Kalyptra bezeichnet. Sie
gleitet geschmeidig in den Boden.
    Die neu gebildeten Zellen aus dem Meristem dehnen sich in der

Streckungszone aus, die sich oberhalb der meristematischen Zone befindet. Wasser und darin gelöste Stoffe dringen in die Vakuolen dieser Zellen ein, die sich nun nicht mehr teilen können. Sie strecken sich insgesamt, ihre Membranen dehnen sich, aber sie platzen nicht wie ein Luftballon oder eine Wasserbombe, weil sich zugleich zahlreiche Zellulosefibrillen auf ihren Membranen bilden, die sich immer fester aneinanderknüpfen. Die Zelle erhält dadurch gewissermaßen ein Korsett, die Zellwand.

Während die Zellen länger werden, differenzieren sie sich auch, das heißt, sie werden unterscheidbar und übernehmen verschiedene Funktionen. Die meisten neu gebildeten Zellen werden zu Zellen des Parenchyms, zu einem Grundgewebe. Außen an der Wurzel bildet sich die Rhizodermis, die im Unterschied zur Epidermis des Blattes und des Sprosses kein Abschlussgewebe der Wurzel ist. Ihr wird nämlich im Unterschied zur Epidermis des Blattes keine Cuticula aus Wachs aufgelagert. Das bedeutet, dass jederzeit so viel Wasser wie möglich, in dem Mineralstoffe gelöst sind, aus dem umgebenden Erdmaterial in die Wurzeln eindringen kann.

Im Inneren der Wurzel differenziert sich der Zentralzylinder mit den Leitbahnen für den Stofftransport, in dem Wasser und Mineralstoffe aufwärts transportiert werden. Er wird von einem Kranz von Zellen umgeben, der «Endodermis» genannt wird. Die Zellen der Endodermis lassen eine Wachsschicht entstehen, die den Zentralzylinder zum äußeren Parenchym hin abschließt. In weiteren Zellen strömen Stoffe aus den oberirdischen Geweben bis zur Wurzelspitze. In ihnen wird Nachschub aus Kohlenhydraten geliefert, der für die Energieversorgung der Zellen gebraucht wird, ohne die kein Stoffwechsel stattfinden kann. Außerdem werden dort die Stoffe angeliefert, aus denen die Zellwandfibrillen in den Wurzeln aufgebaut werden.

Die Wurzel wächst vor allem durch das Streckungswachstum der Parenchymzellen in der Nähe der Wurzelspitze, die das Meristem mitsamt der Kalyptra immer weiter in den Boden schieben. Dieses Streckungswachstum entwickelt eine enorme Kraft. Wurzeln können

Felsen sprengen! Die Wurzelspitze gleitet dank ihrer schleimigen Überdeckung durch die Kalyptra geschmeidig in den Untergrund. Die gesamte Wurzelhaube verhindert eine Beschädigung der Zellen im Meristem, wo sich zarte neue Zellen bilden. Starken mechanischen Belastungen und Beschädigungen durch den Kontakt mit scharfkantigen Mineralpartikeln sind auch die oberhalb der Wurzel liegenden Rhizodermiszellen ausgesetzt. Es ist aber wichtig, dass sie so durchlässig wie möglich für Wasser und Mineralstoffe aus dem Boden sind. Dabei werden zunächst auch Mineralstoffe aufgenommen, für die die Pflanze keine Verwendung hat und die sogar giftig sein können. Diese Substanzen werden im Wasser durch die äußeren Parenchymzellen, das Rindenparenchym, bis zur Endodermis geleitet. Der Wassertransport kann symplastisch und apoplastisch erfolgen. Ein symplastischer Transport erfolgt im Zellplasma von Zelle zu Zelle; das Cytoplasma verschiedener Zellen ist durch Plasmafäden verbunden, die durch die Wände hindurch reichen. Sie werden als Plasmodesmen bezeichnet, Plasmaverbindungen.

Das Wasser kann bis zur Endodermis auch apoplastisch, außerhalb des Plasmas, transportiert werden. Dazu läuft es an den Zellulosefibrillen der Zellwände entlang. An der Endodermis verhindert die Wachsschicht einen weiteren wahllosen apoplastischen Transport außerhalb des Zellplasmas. Durch die Membranen einzelner Parenchymzellen muss nun das Wasser mit den darin transportierten Mineralstoffen in das Zellinnere eindringen. Was nicht hierhin gelangt, kommt überhaupt nicht ins Innere der Wurzel, denn nur ein symplastischer Transport führt durch den Bereich der Endodermis. Viele Schadstoffe werden in das verbundene Plasma der Zellen nicht aufgenommen und bleiben im Außenbereich der Wurzeln.

Durch einen Transport von Substanzen im Zellplasma können die Stoffe, die in die Pflanze eindringen sollen, also ausgewählt werden. Diese Stoffe werden nun innerhalb des Zellplasmas und durch Plasmodesmen in den Bereich des sogenannten Zentralzylinders weitergeleitet. Dort ist wieder sowohl apoplastischer als auch symplastischer Transport möglich; Wasser sowie eine Auswahl an Mineralstoffen wird in Leitbahnen überführt und in den Spross sowie in den Blattraum geleitet.

Es ist günstig für die Pflanze, dass die Wachsschicht nur einer inneren Zellschicht, der Endodermis, aufliegt, aber nicht der äußeren, der Rhizodermis. Eine außen liegende Wachsschicht könnte durch den Kontakt mit Bodenpartikeln beschädigt werden. Das ist, so wie die Wurzel ausgebildet ist, aber kein schwerwiegendes Problem, denn Beschädigungen der dünnwandigen Rhizodermis haben kaum Folgen. Auch von den Parenchymzellen, die zwischen Rhizodermis und Endodermis vorhanden sind, kann Wasser mit darin transportierten Mineralstoffen aufgenommen werden und in das Innere der Wurzel gelangen. Apoplastischer, nicht kontrollierter Transport wird erst an einer Zellschicht im Inneren der Wurzel unterbunden, die recht gut durch die Parenchymzellen der äußeren Wurzelrinde vor Beschädigungen geschützt ist. Und es ist schließlich wichtig, dass die Außenschicht der Wurzel sehr dünnwandig ist, damit so viel an Wasser und Mineralstoffen aufgenommen werden kann wie möglich.

Bei der weiteren Zelldifferenzierung bilden sich sogar sehr dünnwandige Ausstülpungen der einzelnen Zellen der Rhizodermis – das sind die Wurzelhaare. Sie können sich um einzelne Tonpartikel oder Sandkörner herumlegen, und nehmen auf diese Weise besonders viele Mineralstoffe auf.

Allerdings bleiben die einzelnen zarten Wurzelhaare nur kurze Zeit aktiv, weil sie sehr bald von den Bodenpartikeln massiv beschädigt und funktionslos werden. Sind sie durch Bodenpartikel aufgeschlitzt, trocknen sie aus; denn in den beschädigten Rhizodermiszellen mit ihren Ausstülpungen läuft das Wasser der Vakuole aus. Dann werden aus den alten Wurzelhaaren und den zarten Rhizodermiszellen trockene Zellbereiche, die nun weder Wasser noch Mineralstoffe aufnehmen. Aus ihnen entwickelt sich ein äußeres Abschlussgewebe und damit ein zusätzlicher Schutz der älter werdenden Wurzel. Diese Bereiche sind bereits ein ganzes Stück von der Wurzelspitze entfernt.

An aktiven Wurzelhaaren besteht ein Ionenaustausch-Mechanismus. Die Pflanze gibt beispielsweise ein Proton, ein positiv geladenes

Wasserstoff-Ion, ab, um ein positiv geladenes Kalium-Ion aufnehmen zu können. Um ein zweifach positiv geladenes Magnesium-Ion aufnehmen zu können, muss die Pflanze zwei Protonen abgeben. Die immer stärker werdende Akkumulation von H^+-Ionen (Protonen) im durchwurzelten Boden ist eine der Ursachen dafür, dass ein Boden versauert. Durch die Bildung von Säure wird der Gesteinsuntergrund des Bodens angegriffen, regelrecht angeätzt, so dass Mineralstoffe aus dem Gesteinsuntergrund des Bodens freigesetzt und damit pflanzenverfügbar gemacht werden. Durch die Säuren werden auch lockere Bodenpartikel (Ton, Sand, Steine) angegriffen, wobei weitere Mineralstoffe gelöst werden.

Aus dem Boden nimmt die Pflanze vor allem folgende Mineralstoffe auf: Stickstoff in Form von Ammonium- oder Nitrat-Ionen, Phosphor, der in Phosphat-Ionen eingebunden ist, Kalium, Magnesium, Calcium, Schwefel und mehrere Spurenelemente, dazu selbstverständlich große Mengen an Wasser.

Stickstoff ist der Hauptbestandteil der erdnahen Atmosphäre. Die meisten Lebewesen können aber Stickstoff aus der Atmosphäre nicht aufnehmen. Dazu sind nur Stickstoff fixierende Bakterien in der Lage, die Stickstoff in Nitrat- oder Ammonium-Ionen einbauen. Diese können anschließend von Pflanzen aus dem Boden aufgenommen werden. Stickstoff ist lebensnotwendig. In der Pflanze wird Stickstoff zum Aufbau von Nucleinsäuren, Chlorophyll und Aminosäuren – also den Bausteinen von Eiweiß (Proteinen) bzw. Enzymen – benötigt.

Phosphat kommt in Eisen-Phosphor-Verbindungen im Boden vor, vor allem als Eisenphosphat. Der Gehalt an Phosphat im Boden ist aber von Natur aus in der Regel niedrig. Phosphor wird von der Pflanze zum Aufbau von Nukleinsäuren und für die Bildung von Substanzen benötigt, in denen Energie übertragen wird. Eine sehr wichtige Substanz, in der Energie von einem Ort zum anderen gelangt, ist das Adenosin-Triphosphat, das man häufig mit «ATP» abkürzt.

Kalium, Magnesium und Calcium kommen im Boden beispielsweise im Kalk oder Dolomit vor, aber auch in Schichtsilikaten, die in Granit und Gneis enthalten sind. Die Elemente werden durch Säuren aus dem Stein herausgelöst. Kalium strömt in die Vakuolen der Pflanzen ein und baut dort den osmotischen Druck auf, der Wasser und weitere Mineralien nachströmen lässt. Kalium hat auch eine eminent wichtige Bedeutung für die Schließzellen, mit denen der Austausch von Wasser und Gasen zwischen dem Inneren der Blätter und der Atmosphäre reguliert wird. Magnesium ist als sogenanntes Zentralatom im Chlorophyll enthalten, im Blattgrün. Ohne Magnesium vergilben die Blätter. Calcium kann in Zellwänden zu deren Verstärkung eingelagert werden.

Schwefel gelangt in den Boden aus der Atmosphäre, in der sich ein geringer Anteil an Schwefeldioxid befindet. Aus ihm wird Sulfat aufgebaut, das die Pflanze aufnehmen kann. Schwefel wird in einige Aminosäuren eingebaut. Sogenannte Disulfidbrücken zwischen zwei Schwefel enthaltenden Aminosäuren bilden die Struktur der Proteine, die nur dann voll funktionsfähig als Enzyme sind, wenn sie korrekt gefaltet sind. Diese Faltung nach genauer Ordnung erfolgt durch den Schwefel, der Bestandteil einiger Aminosäuren ist.

Die Mineralstoffe sind lebensnotwendig für die Pflanze. Wenn sie im Boden nicht in ausreichender Menge zur Verfügung stehen, muss der Boden gedüngt werden. Dazu muss man vor allem einen NPK-Dünger verwenden. Er heißt auch Nitrophoska-Dünger und enthält stickstoff-, phosphat- und kaliumhaltige Substanzen. Stickstoffdünger wird großtechnisch durch das Haber-Bosch-Verfahren erzeugt, Phosphat fällt bei der Verarbeitung von Eisen an, und Kalium wird als Kalisalz in Bergwerken gewonnen. Deutschland war jahrzehntelang der Hauptlieferant für Kalisalz auf der Welt, aber das Land war auch bei der Produktion der anderen düngenden Substanzen führend. Fritz Haber (1868–1934) und Carl Bosch (1874–1940), auf deren Forschungen die großtechnische Herstellung von Nitrat basiert, wurden 1918 bzw. 1931 jeweils mit dem Nobelpreis ausgezeichnet. Die erste Fabrik, in der Nitrat großtechnisch unter anderem für die Düngerfabrikation hergestellt wurde, war das 1913 in Ludwigshafen eröffnete Werk der Badischen Anilin- und Sodafabrik (BASF).

Tiere und Menschen benötigen diese Stoffe übrigens auch. Den größten Teil davon nehmen sie mit pflanzlicher Nahrung auf; auch in tierischen und menschlichen Körpern müssen selbstverständlich Nucleinsäuren, Proteine und osmotisch aktive Ionen vorhanden sein. Sie sind auch an der Funktion des Nervensystems beteiligt. Calcium wird zum Aufbau von Knochen benötigt. Tierische Nahrung enthält ebenfalls Mineralstoffe: sie kommen immer ursprünglich aus dem Boden und der Pflanze. Es ist ein faszinierender Gedanke, dass so gut wie sämtliche Mineralien in allen Lebewesen einmal durch Wurzeln aus dem Boden in die Pflanzen gelangten und dann von Tieren gefressen wurden. Die Entnahme von Mineralstoffen aus dem Boden ist übrigens ein weiterer Grund, warum Tiere ohne Pflanzen nicht leben können, Pflanzen aber sehr wohl ohne Tiere.

Die Kalyptra wird von der Wurzel nun immer tiefer in den Boden geschoben, und zwar durch das Streckungswachstum der Zellen, die oberhalb des Meristems gelegen sind. Die Zone mit aktiven Wurzelhaaren, die Wurzelhaarzone, dringt dabei ebenfalls immer tiefer in den Boden ein. Dabei werden in immer wieder anderen Tiefen des Bodens Mineralstoffe erschlossen. Folge davon ist eine Anreicherung mit Wasserstoff-Ionen und damit eine Versauerung des Bodens.

Die Wurzel wird im Verlaufe dieses Prozesses immer dicker, zunächst ebenfalls durch Streckungswachstum, später durch die Anlage neuer Meristeme, an denen ein sekundäres Dickenwachstum einsetzt. Wie dies funktioniert, soll im nächsten Kapitel, bei der Behandlung der Sprosse von Pflanzen, näher beschrieben werden. Man nennt es sekundäres Dickenwachstum im Gegensatz zum primären Wachstum, das an der Wurzelspitze stattfindet.

Im Inneren der Wurzel, im Zentralzylinder, befinden sich große Zellen, die man als Tracheen bezeichnet. Sie sind abgestorben. Sie enthalten kein Plasma und keine Vakuole mehr, sondern sind hohl, mit Röhren zu vergleichen, in denen Wasser und Mineralstoffe aus den Wurzeln in den übrigen Kormus transportiert werden. Diese Zellen müssen verholzen, bevor sie absterben, damit ihre Struktur erhalten bleibt. Sie werden als das Xylem (vom griechischen «xylos», Holz) bezeichnet.

In weiter außen gelegenen Zellen ist das Phloem lokalisiert, in dem organische Substanzen aus dem Blattraum in die Wurzel transportiert werden. Im Phloem sind die bei der Fotosynthese gebildeten Zucker vorhanden, die in Wasser gelösten Assimilate. Sie gelangen in jede einzelne Zelle der Wurzel, denn aus ihnen werden die bei der Zellstreckung benötigten Zellulosefibrillen der Zellwand aufgebaut, die dann nicht mehr wasserlöslich sind, sondern Wasser zu den einzelnen Zellen leiten.

Wurzeln dehnen sich durch ein sekundäres Dickenwachstum innerhalb des Bodens aus und drängen dabei Bodenbereiche zur Seite. Auch dabei entwickeln Wurzeln eine enorme Sprengkraft, die Spalten im Boden und sogar in Felsen aufweiten kann. In diesem verdickten Zustand besitzen sie keine dünnwandige Rhizodermis mit Wurzelhaaren mehr, aus den äußeren Zellen entsteht zunehmend ein stabiles, derbes Abschlussgewebe. Die dicker werdende Wurzel hat aber den Vorteil, in das Substrat des Bodens, nämlich das Gestein, eindringen zu können. Das Dickerwerden der Wurzeln führt also zu einer physikalischen Verwitterung des Bodens. Nachfolgend sich ausbreitende Feinwurzeln, die das Gestein durchziehen, führen zu einer weiteren chemischen Verwitterung des Bodens durch die Bildung von Säure beim Austausch mit im Boden vorhandenen Ionen. Die physikalische und die chemische Verwitterung von Boden und Gestein gehen beim Eindringen der Wurzeln in den Untergrund also gewissermaßen Hand in Hand.

Im Bodenhorizont zeigt sich das Vordringen der Wurzeln in den Unterboden. Den Boden bedeckt eine Auflage aus abgestorbenen Pflanzenteilen. Aus ihnen entwickeln sich im A-Horizont, dem Oberboden, Humusstoffe, unter anderem Huminsäuren. Sie lassen den Boden ebenfalls versauern. Die Wurzeln dringen nicht nur in den A-Horizont, sondern auch in den darunter liegenden B-Horizont ein, eventuell ferner in den C-Horizont, der überwiegend aus dem Ausgangssubstrat oder Ausgangsgestein besteht, den anorganischen Bestandteilen, aus denen sich der Boden gemeinsam mit organischen Substanzen aus dem Oberboden mischt. Nach oben ist eine Verdunkelung der Schichten erkennbar, die durch die Humus-

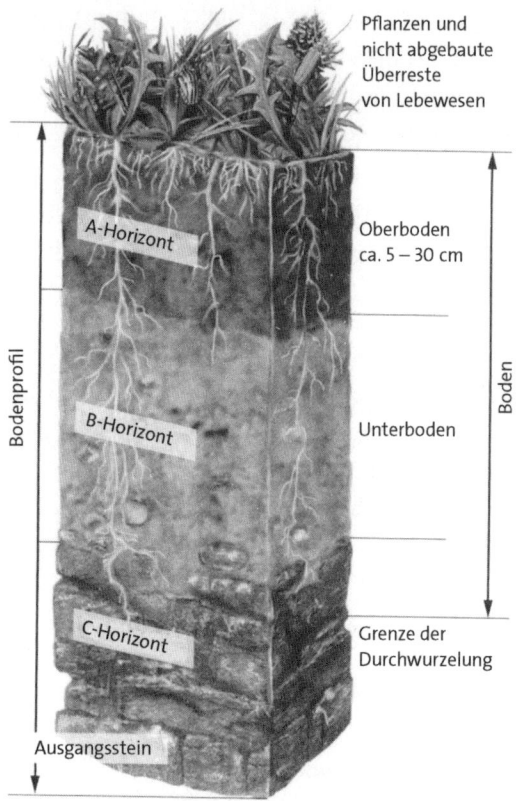

Pflanzen und
nicht abgebaute
Überreste
von Lebewesen

Bodenprofil

A-Horizont

B-Horizont

C-Horizont

Ausgangsstein

Oberboden
ca. 5 – 30 cm

Boden

Unterboden

Grenze der
Durchwurzelung

Ein Waldbodenprofil

stoffe hervorgerufen wird. Außerdem werden die Gesteinsbestand-
teile nach oben hin kleiner, denn die Größe der Steine wird durch
Säureeinwirkung und mechanische Prozesse (Verdickung der Wurzeln, Eisbildung) dezimiert. Unter den Steinen sammelt sich im Winter Eis, das bei einer durch Abkühlung ausgelösten Ausdehnung nach
oben gedrückt wird. Es kommt also zu einer Wanderung der mineralischen Bestandteile von unten nach oben; die Steine «begegnen» in
gewisser Weise den von oben nach unten in den Boden eindringen-
den Wurzeln, an denen an immer wieder anderer Stelle Protonen
abgegeben und Mineralstoff-Ionen aufgenommen werden.

Die Wurzel

Die Wurzeln etlicher Pflanzen können über ungünstige Jahreszeiten hinweg Stoffe speichern. Das trifft beispielsweise auf viele Bäume oder auch auf zweijährige Pflanzen zu, die unter Doldengewächsen häufig zu finden sind. Sie bilden im ersten Jahr oberirdisch nur Blätter aus. Die von ihnen aufgebauten organischen Substanzen werden im Winter unterirdisch in Speicherwurzeln gesammelt. Im zweiten Jahr des Wachstums der Pflanze werden abermals organische Substanzen durch die Blätter aufgebaut. Die neuaufgebauten und die aus dem Vorjahr gespeicherten organischen Substanzen sind dann in ausreichender Menge vorhanden, so dass sich Blüten und Früchte bilden können. Menschen ernten die nahrhaften Speicherwurzeln in dem Moment, in dem der Zucker in der unterirdischen Wurzel gespeichert ist, und lassen die Pflanze im zweiten Jahr nicht mehr zur Entwicklung kommen. Das ist zum Beispiel bei der Gelben Rübe (Karotte, Wurzel, Möhre) der Fall.

Wurzeln lenken die Bildung von Böden in bestimmte Richtungen. Böden versauern bei der Aufnahme von Mineralien durch die Wurzel. Die Mykorrhiza, die wichtige Symbiose mit Pilzen, führt zu einer zusätzlichen Mineralstoffversorgung für die Pflanze. Die Pilze erhalten im Gegenzug organische Substanzen aus der Fotosynthese der Pflanze. Dabei kommt es zu saisonalen Unterschieden in der Richtung des Stofftransportes in den röhrenförmigen Hyphen der Pilze. Im Frühling braucht vor allem die Pflanze Wasser und Mineralstoffe; daher werden diese Stoffe von den Pilzen zu den Pflanzen geleitet. Im Spätsommer und Herbst benötigen die Pflanzen keine Stoffe mehr aus dem Untergrund. Dann gelangen organische Stoffe aus der Pflanze in den Pilz. Erst zu dieser Jahreszeit kann der Pilz seine fleischig wirkenden Sporenständer aufbauen, an denen, wie von einem Schirm vor dem Regen geschützt, die Sporen heranreifen, die völlig trocken sein müssen, um vom Wind verweht zu werden. Diese Sporenständer sind die «Pilze», die wir sammeln, und es gibt also einen guten Grund dafür, warum wir sie erst im Spätsommer und Herbst finden.

Insgesamt verarmt jeder von Pflanzen bewachsene Boden an

Mineralstoffen. Durch das Eindringen weiterer Wurzeln in den Boden werden aber auch weitere Mineralstoffe aus dem Gestein und seinen Bruchstücken mobilisiert. Sie werden dem Boden ebenfalls durch die Mineralisierung abgestorbener Lebewesen zugeführt. Man kann einen Boden mit Pflanzenresten organisch düngen, aber mit dem Begriff «organisch» meint man nur das Ausgangsmaterial, das langsam im Boden zersetzt wird. Die eigentlich düngenden Mineralstoffe darin gleichen selbstverständlich denjenigen, die man einem Boden auch in Form von Mineraldünger hinzufügen kann. Organische Düngung und Mineraldüngergaben haben unterschiedliche Vorteile. Dünger aus dem Düngersack lässt sich genauer dosieren, und er wirkt schneller. Aus organischem Dünger werden Mineralien dagegen langsam und gleichmäßig freigesetzt, so dass eine langfristige düngende Wirkung eintritt. Allerdings besteht der Nachteil, dass man oft den genauen Mineralstoffgehalt von Mist und Kompost nicht kennt; manche befürchten, dass es dadurch zu einer Überdüngung des Bodens kommen kann.

Fest an den Wurzeln mancher Pflanzen sitzen noch weitere Symbionten: Bakterien, die Stickstoff aus der Atmosphäre fixieren. Man findet sie als Knöllchenbakterien an den Wurzeln der Leguminosen, also der Schmetterlingsblütler und ihrer Verwandten, bei Klee, Luzerne, Bohne, aber auch bei der Erdnusspflanze. Andere Stickstoff bindende Bakterien sitzen an den Wurzeln sehr verschiedener Pflanzen, der Erle, des Sanddorns und des Gagelstrauchs. Sie werden «Strahlenpilze» oder «Actinomyceten» genannt, sind aber keine Pilze, sondern Bakterien. Sie erinnern ihrem Aussehen nach an Pilze, aber Pilze können keinen Stickstoff fixieren – das ist ausschließlich im Stoffwechsel eines Bakteriums möglich, in einer Symbiose, die man als «Actinorhiza» bezeichnet. Der Name der Strahlenpilze führte einige Botaniker so weit in die Irre, dass sie nicht sauber zwischen Mykorrhiza und Actinorhiza unterschieden und unterstellten, dass es Pilze gebe, die Stickstoff aus der Luft binden könnten. Das ist eindeutig falsch. Sehr klar muss zwischen der Symbiose mit Bakterien, bei der Stickstoff aus der Luft entnommen wird, und einer Wurzelsymbiose mit Pilzen unterschieden werden, durch die Wasser und diverse Mineralstoffe, in denen auch Stickstoff enthalten sein kann, aus dem Boden zur Wurzel gebracht werden.

8

Der Spross

Der Spross oder Stängel verbindet die Wurzeln mit den Blättern. Das klingt sehr technisch, ist aber genauso richtig wie etwa die folgende Formulierung: Der Stängel entsprießt der Wurzel im Erdboden und hebt Blätter und Blüten der Sonne entgegen. Der poetischer klingende Satz betont den Vorzug von Gewächsen, die höher hinaufkommen als andere: Ihre Blätter sind dem Licht näher. Doch sollte man sich auch hier hüten, das «Heben» der Blätter und Blüten als eine Aktivität der Pflanze misszuverstehen.

Der Spross ist bei sehr vielen Pflanzen im Querschnitt annähernd rund. Er kann krautig, biegsam sein und plötzlich brechen, wenn man ihn pflückt; ein solcher Spross wird vor allem von Parenchymzellen aufgebaut, also von einem Grundgewebe, das nur für einige Monate besteht, bevor der Stängel verwelkt. Ein Spross kann aber auch verholzen und dann sehr lange Bestand haben. Bäume und Sträucher leben viele Jahre, zuweilen sogar viele Jahrhunderte oder Jahrtausende.

Zunächst ist auch der Spross einer Gehölzpflanze krautig. Deshalb beginnen wir mit der Frage, woraus ein krautiger Stängel besteht. Im Zentrum des Sprosses befinden sich entweder Zellen des Grundgewebes, des Parenchyms, die dann als Markparenchym bezeichnet werden. Oder man findet dort anstelle des Marks einen Hohlraum; das ist beispielsweise bei einem Gras oder einer Tulpe, auch bei einem Schachtelhalm oder einer Palme der Fall. Der äußere Bereich eines Stängels besteht ebenfalls aus Parenchymzellen, die man als Rindenparenchym bezeichnet. Zwischen dem Rindenparenchym und dem

Markparenchym oder dem Hohlraum im Inneren des Stängels erkennt man im mikroskopischen Bild ganz andere Zellen, die in mehreren Gruppen gedrängt zusammenliegen. Die Zellgruppen sind die Leitbündel oder Faszikel des Sprosses. Sie sind in einem Ring angeordnet. In der Nachbarschaft des Markparenchyms sind in den Faszikeln große Zellen zu erkennen, kleinere grenzen an das Rindenparenchym. Zwischen den größeren und den kleineren Zellen des Leitbündels befinden sich sehr kleine, dünnwandige Zellen. Dort entwickelt sich ein sekundäres Meristem: Diese Zellen teilen sich ebenso wie diejenigen an den Spitzen von Wurzel und Spross. Man bezeichnet das sekundäre Meristem im Spross auch als Kambium.

Im Kambium entstehen durch Teilungen Zellen, deren Ungleichartigkeit nach Streckung und Differenzierung voll zu Tage tritt. Die weiter nach innen im Spross liegenden Zellen werden zum Xylem, nach außen hin bilden sich Zellen des Phloems. Die Zellen des Xylems verlieren bei der Differenzierung ihren gesamten Zellinhalt mit Kern und Plasma und sterben dabei ab. Das ist notwendig, damit sie anschließend zu Leitbahnen werden, die Wasser und Mineralstoffe von den Wurzeln zu den Blättern transportieren können. Sie würden aber in sich zusammenfallen, wenn nicht vorher die Wände dieser Zellen besonders versteift worden wären; die biegsamen Zellulosefibrillen verleihen die notwendige Festigkeit nicht. Zusätzlich wird daher Lignin in die Zellwände eingelagert; im mikroskopischen Bild erkennt man im Inneren der dicken Zellwände von Xylemzellen auch leiter- und schraubenförmige Auflagerungen. Beide Begriffe, Lignin und Xylem, nehmen auf Holz Bezug. Lignin ist von der lateinischen Bezeichnung für Holz, «lignum», abgeleitet, das Xylem von «xylos», dem griechischen Wort für Holz. Zellulose gibt den Wänden der Holzzellen also Elastizität, Lignin Festigkeit. Diese beiden Charakteristika zeichnen Holz aus, auch als Werkstoff. Lignin ist außerdem wasserabweisend; daher fließt das in den Holzzellen transportierte Wasser nicht in die seitlich gelegenen Zellen des Sprosses ab, sondern kann auch über weitere Strecken aufwärts geleitet werden, in die Blätter und Blüten der Kräuter, ja selbst in die Kronen der höchsten Bäume.

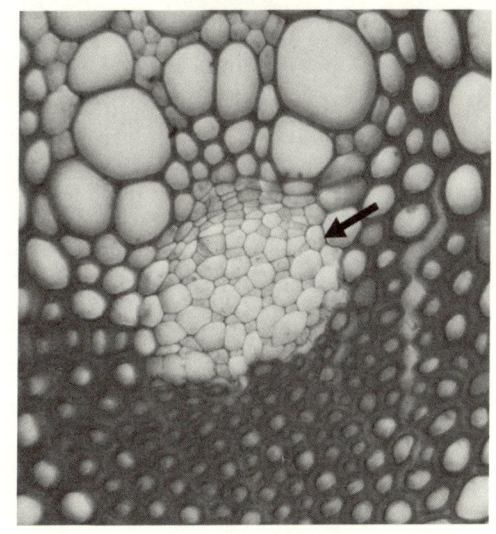

Das Phloem (Pfeil) besteht aus größeren Siebzellen und kleineren Geleitzellen. Darüber befinden sich kleine Zellen, die das sekundäre Meristem bilden (Zellteilungszone). Die großen Zellen darüber sind das Xylem: große, tote Zellen, in denen Wasser von den Wurzeln in die oberen Teile der Pflanze geleitet wird.

In einem krautigen Stängel gibt es nur wenige Holzzellen in kleinen Xylem-Bereichen. Sie können dem Stängel nur wenig Stehvermögen verleihen. Stängel von Kräutern sind vor allem deswegen aufgerichtet, weil die Parenchymzellen von Wasser gefüllt sind. Ist das bei einem Stängel nicht mehr der Fall, sinkt er welk herab. Durch eine Wassergabe steigt wieder Wasser in den Stängeln auf, und sie richten sich erneut auf. Selbst ein Blumenstrauß kann zu neuer Frische gelangen, wenn man die einzelnen Stängel unten schräg abschneidet, so dass die Xylembahnen wieder geöffnet sind. Dann können die Xylemzellen und anschließend die Parenchyme wieder Wasser aus der Vase aufnehmen. Bei einem Tulpenstrauß lässt sich gut die Erfahrung machen, dass er noch für ein paar Tage stehen bleiben kann, wenn man ihn durch Schnitte und Wassergabe auffrischt, bevor er endgültig verwelkt.

Grundsätzlich gibt es im Xylem große Zellen, die man Tracheen nennt, und kleinere Tracheiden. Ist viel Wasser verfügbar, strömt es hauptsächlich durch die weiten Röhren der Tracheen. Bei einem geringeren Wasserangebot im Bodenraum wird das Wasser im Stängel eher durch die Tracheiden geleitet, in denen es auch durch Kapillarkräfte festgehalten werden kann. Pflanzen, die sowohl enge als auch weite Röhren zum Wassertransport besitzen, können mit unterschiedlichen Wasserangeboten besser umgehen. Der Wassertransport wird aber nicht aktiv in die engeren oder weiteren Röhren gelenkt, sondern das geschieht rein physikalisch, nach Verfügbarkeit von Wasser oder durch die Kapillarkräfte. Auch hier ist die Willenlosigkeit der Pflanze zu erkennen.

Die meisten Zellen im Phloem sind kleiner als die Xylemzellen. Man unterscheidet besonders kleine, aber sehr plasmareiche, stoffwechselaktive Geleitzellen und daneben angeordnete Siebzellen, in denen bei der Differenzierung der Zellen einige Organellen, beispielsweise Zellkern und Vakuole, verloren gegangen sind. Stattdessen sind genau wie im Xylem röhrenförmige Gebilde entstanden, durch die vor allem wasserlösliche Zucker (Glukose und hauptsächlich Saccharose) von den fotosynthetisch aktiven Zellen der Blätter an die Orte des Zellwachstums in der gesamten Pflanze transportiert werden. Dort werden dann die Zellulosefibrillen der Zellwände aufgebaut, die aus wasserunlöslicher Zellulose bestehen. Der Transport in den Siebzellen, die auch «Siebröhren» genannt werden, wird von den Geleitzellen gesteuert. In ihnen wird das Wachs gebildet, das die Poren in den Siebplatten, die zwischen einzelnen Siebzellen eingebaut sind, verstopfen kann. Dadurch lässt sich der Transport der Zucker weitgehend unterbinden. Diese Wachsverstopfungen lassen sich auch wieder auflösen, dann verläuft der Transport der wasserlöslichen Zuckermoleküle wieder ungehindert. Dadurch ist eine exakte Regulierung des Transports von Zuckermolekülen an genau die Stellen möglich, an denen sie gebraucht werden.

In den Leitbündeln ist also ein Transport von Stoffen in beide Richtungen möglich. Der Transport von Wasser mit darin gelösten Mineralien kann unreguliert in toten Zellen des Xylems verlaufen. Der Transport der Assimilate, der Stoffe, die durch die Assimilation in der Fotosynthese entstanden sind, wird dagegen kontrolliert. Das ist notwendig, weil mal die Sprosse an ihren Spitzen wachsen, zu anderen

Zeitpunkten hingegen die Wurzelspitzen. Es bilden sich ja nicht immerzu in gleicher Weise Seitentriebe, Blüten und Früchte aus. Auch diese Steuerung des Transports und des Wachstums ist ein willenloser Akt in der Pflanze, er ist weder aktiv noch passiv, sondern typisch «pflanzlich» und hat mit einer Absicht nichts zu tun, folgt nicht einmal Instinkten, wie man das bei Tieren erwarten würde.

Zusätzlich kann es Sklerenchymzellen geben, die den Stängel versteifen. Sie können im Leitbündel gelegen sein oder auch am Rand des Sprosses. Sie sind an der Außenseite der Sprosse als Leisten zu erkennen, oder sie bilden sogar Kanten aus; bei der Taubnessel und anderen Lippenblütlern sind die Sprosse vierkantig. Krautige Sprosse enthalten mehr oder weniger viele Chloroplasten. In ihnen findet ebenso wie in den Blättern Fotosynthese statt. An der mehr oder weniger intensiven Grünfärbung der Stängel lässt sich ablesen, wie groß der Beitrag zur gesamten Fotosynthese in den Sprossen ist. Außen an den Sprossen findet sich ebenso wie an den Blättern eine Schicht von Epidermiszellen. Sie geben nach außen eine Wachsschicht, die Cuticula, ab, mit der eine übermäßige Wasserabgabe aus den Sprossen nach außen verhindert wird.

Vielleicht wies das Lignin ursprünglich das Wachstum von Pilzhyphen in bestimmte Bereiche in den Wurzeln zurück. Lignin war jedenfalls sehr frühzeitig, schon bei den ersten Landpflanzen, in die Zellwände eingelagert. Lignin könnte also gegen Pilze geschützt haben. Später erst mag sich erwiesen haben, dass in den toten, mit Lignin ausgesteiften Zellen Wasser von den Wurzeln in höher gelegene Bereiche der Pflanze transportiert werden kann. Dank der lignifizierten Zellen vermochten sich die Sprosse nicht nur wenige Zentimeter weit vom Erdboden erheben, sondern Pflanzen mit toten, durch Lignin ausgesteiften Zellen konnten viele Meter hoch werden. Wassertransport, die Bildung von Holz und von Bäumen stehen also in einem engen Zusammenhang. Die Evolutionsschritte führten nacheinander zu mehreren, durchaus verschiedenen «Vorteilen» der Entwicklung bei den Xylemzellen. Zuerst ging es darum, das Eindringen von Pilzen in die Pflanze zu begrenzen. Dann wurde durch Lignin der Wassertransport möglich. Und dann entstanden – mit der Lignin-Einlagerung – die großen Bäume. Dieses Beispiel zeigt exemplarisch die Wege, die die Evolution nahm. Sie verlief nicht geradlinig, sondern ermöglichte erst die Herausbildung einer Eigenheit eines Lebewesens, aus der sich dann ein ganz anderer «Vorzug» ergab. Das entspricht den Gesetzen des weder aktiven noch passiven Wachstums von Lebewesen, der fehlenden Zielgerichtetheit von Evolutionsprozessen, bei denen niemals von Anfang an klar ist, welche Entwicklungen mehr Vorteile bringen und einen Organismus zum Stärkeren machen.

Bei einer krautigen Pflanze gibt es nur wenige Xylemzellen in den Leitbündeln oder Faszikeln. In einer Holzpflanze dagegen überwiegen die Zellen des Xylems. Große Mengen an Xylemzellen können sich nur dann bilden, wenn ein sekundäres Dickenwachstum des Kambiums den gesamten Spross erfasst. Die Meristeme der Leitbündel schließen sich dann zu einem Wachstumsring zusammen, in dem auch die Parenchymzellen zwischen den Leitbündeln eine Teilungsfähigkeit erreichen. Indem sich die Parenchymzellen teilen, entsteht das interfaszikuläre Kambium. Es bildet sich eine runde und vollständig geschlossene meristematische Zone, ein ringförmiger Bereich der Zellteilung im gesamten Spross. Die Leitbündel nehmen dabei nach und nach den gesamten Spross ein. Zwischen ihnen bleiben nur schmale Parenchym-Stränge erhalten, die man als Markstrahlen bezeichnet, weil sie den Bereich des Markparenchyms mit dem des Rindenparenchyms verbinden.

Das Kambium wandert immer weiter nach außen im Stamm. Es scheidet nach innen Xylemzellen ab, die absterben und wegen ihrer Lignin-Verstärkung lange erhalten bleiben. Sie lassen den Stamm dicker werden. Die nach außen wachsenden Phloemzellen müssen ständig erneuert werden, um immer wieder neu einen Transport der Assimilate von den Blättern in alle anderen Teile der Pflanze möglich zu machen. Bald sind die Leitbündel keine kleinen, begrenzten Bereiche im Spross mehr. Holzzellen in Form von Tracheen und Tracheiden dominieren, und es liegen nur noch schmale Markstrahlen, die aus wenigen Zellen bestehen, zwischen ihnen. So entsteht Holz. Unter der Rinde bilden sich immer wieder neu die Bereiche des Phloems aus. Das ist wichtig; aber der Baum muss dicker werden, wenn immer wieder neu ein Phloem unter der Rinde zur Verfügung stehen soll. Bildet sich ein neues Phloem, müssen auch weitere Tracheen und Tracheiden gebildet werden. Denn weiterhin gilt: Das Kambium ist eine Zone der Zellteilung; aus einer Zelle im Kambium geht durch Teilung sowohl eine Zelle des Xylems als auch eine Zelle des Phloems hervor, und die muss sich ebenfalls wieder zu einer Siebzelle und einer Geleitzelle teilen. Teilungen, die im Ergebnis zu zwei verschiedenen Zellen führen, nennt man inäqual. Sowohl bei der Bildung von Xylem und Phloem als auch bei der Entstehung von Sieb- und Geleitzelle kommt es zu inäqualen Zellteilungen.

Das Phloem des Baumes, das direkt unter einem kleinen Bereich an Rindenparenchym ganz außen im Stamm liegt, kann aus mannigfachen Ursachen beschädigt werden. Eine davon ist Frost, wenn das Wasser in ihm gefriert und sich dabei ausdehnt. Dann zerreißen die Siebzellen von innen. Auch die Parenchymzellen der Rinde können zerstört werden. Mit ihren trockenen Zellwänden schützen sie aber weiterhin das darunter liegende Phloem sowie auch den gesamten Stamm. Weitere Schädigungen gehen von Tieren aus, die sich von Phloem-Säften ernähren. Sie leben von den kurzkettigen, wasserlöslichen Zuckern, die im Phloem entlangdriften, nehmen sie in ihren Organismus auf und bauen ihre Körper daraus auf. Ein bekanntes Tier, das sich so ernährt, ist der Borkenkäfer, der die Zuckerbahnen öffnet und ihnen die Substanzen entnimmt, die eigentlich zum Wachstum der Gehölzpflanze bestimmt sind. Was geschieht? Die Borkenkäfer wachsen und vermehren sich, die Bäume aber sterben ab, weil die äußeren Bereiche der Stämme, die Phloemzellen, zerstört worden sind.

In einem Wald der Tropen bildet sich das ganze Jahr über Holz, und es entstehen auch immer wieder neue Phloemzellen unter der Rinde. In einem von Jahreszeiten geprägten Klima, wie es in weiten Teilen Europas, Nordamerikas oder Ostasiens herrscht, verläuft das Wachstum eines Baumes anders. Dort entstehen Jahresringe im Holz.

Im Frühjahr, wenn der Organismus des Baumes sehr viel Wasser und große Mengen an Mineralstoffen benötigt, Blätter, Blüten und junge Triebe der Pflanze entsprießen, werden aus dem Kambium besonders große Holzzellen der Tracheen und Tracheiden abgegeben, die relativ dünne Wände haben. Zu dieser Jahreszeit steht viel Wasser zur Verfügung. Schnee und Eis schmelzen, und in den späteren Frühjahrsmonaten Mai und Anfang Juni fallen die größten Niederschlagsmengen im Jahreszeitenklima Europas, Asiens und Nordamerikas. In dieser Zeit werden auch besonders viele Mineralien und Wasser aus dem Körper der Pilze genutzt. In den Röhren der Hyphen fließt Wasser in Richtung der Wurzeln und von dort in die Stämme hinein. Die Pilze wachsen zu dieser Zeit so gut wie nicht. Die Holzzellen enthalten weniger Lignin, sie sind daher flexibler als andere Zellen im Holz.

Wenn die Fotosynthese des Baumes auf vollen Touren läuft, werden mehr Assimilate in Form von Glukose und Saccharose an die Phloemzellen abgegeben. Dann können daraus auch mehr Zellulose- und Ligninmoleküle gebildet und in die Zellwände der Holzzellen eingebaut werden. Es entstehen dann kleinere, aber dickwandigere Holzzellen, die dem Holz besonders viel Festigkeit verleihen. In ihrem engen Lumen werden die dann in geringeren Mengen zur Verfügung stehenden Wassermengen besser durch Kapillarkräfte festgehalten; im Hochsommer gibt es Zeiten geringeren Niederschlages, in denen sparsamer Umgang mit Wasser angesagt ist.

Im Sommer gelangen auch zahlreiche Assimilate in den Wurzelraum und von dort in die Hyphen der Pilze. Die Transportrichtung für Flüssigkeiten in den Hyphen dreht sich um. Nun kann der Pilz aus organischer Substanz seinen Sporenständer aufbauen, den wir vereinfachend als «Pilz» bezeichnen, ohne zu berücksichtigen, dass die eigentlich viel wesentlicheren Teile des Pilzes aus den Hyphen bestehen, die den Boden durchziehen. Die ersten Sporenständer bilden sich im Hochsommer. Im Herbst dann, wenn das Laub der Bäume fällt und viele Stoffe in ihrem Phloem stammabwärts, in den Wurzelraum und in die Pilzhyphen verlagert werden, findet man sehr viele «Pilze», wie man gemeinhin die Sporenständer nennt.

Im Lauf des Jahres bildet sich im Stammquerschnitt ein Muster des Holzwachstums. In jedem Jahr entsteht zuerst das Frühholz mit seinen großen, weitlumigen Holzzellen und relativ dünnen Zellwänden, dann das Spätholz mit kleineren Zellen, einem engeren Zell-Lumen und dickeren Zellwänden. Eine Früh- und eine Spätholzschicht zusammen bilden einen Jahresring, der den Baum dicker werden lässt. Hat man einen Baum gefällt, lässt sich durch Abzählen der Jahresringe ermitteln, welches Alter der Baum erreicht hatte. Die Dicke jedes einzelnen Jahresringes hängt von den Witterungsbedingungen ab, die im jeweiligen Jahr herrschten. In günstigen Jahren bildet sich ein dickerer Jahresring als in ungünstigeren. Vor allem wirkt sich natürlich die Witterung des Frühjahrs auf die Dicke des zugleich entstehenden Jahresringes aus. Kann viel Fotosynthese betrieben werden, bilden sich große Mengen an Assimilaten, und es teilen sich die Zellen im Kambium besonders oft. Werden zu späterer Zeit viele Assimilate gebildet, entstehen mehr Holzzellen im Spätholz, was sich günstig auf die Festigkeit des Holzes, aber nicht mehr so stark auf die Dicke des Jahresrings auswirkt. Ein Jahresring, der während günstiger Bedingungen im Sommer und Herbst besonders gut wächst, erreicht niemals eine derart starke Verbreiterung wie im Frühjahr zur Zeit der Frühholzbildung. Günstig wirkt sich nicht nur die Temperatur aus, sondern auch das richtige Maß an Feuchtigkeit oder eine ausreichende Menge an Mineralstoffen.

Die Markstrahlen besitzen nicht so stabile Zellen, wie sie im Xylem vorhanden sind. Deshalb kommt es vorrangig hier zu einer Beschädigung des Baumstamms. So können Pilzhyphen an den Markstrahlen ins Holz eindringen. Ist der Baum gefällt, reißt der Stamm hier auf: Diese Risse führen von der Rinde bis in das Mark des Stammes. Entlang der Markstrahlen lässt sich Holz spalten. Beim Holzhacken entstehen dreieckige Holzstücke: Sie laufen an der einen Seite spitz zu (dort befand sich das Zentrum des Stammes).

Zusammenfassend lässt sich festhalten, dass das Wachstum der Landpflanzen durch die Symbiose mit Pilzen, die Mykorrhiza, erst möglich wurde. Dabei drangen die Pilze aber nur in den Wurzelraum vor; in anderen Bereichen der Pflanze wurde ein Wachstum der Pilze

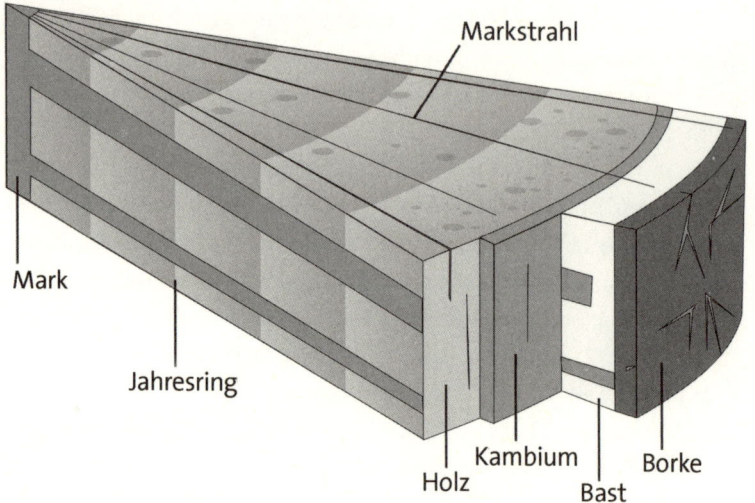

Querschnitt durch einen fünfjährigen Kiefernstamm. Beim Holzhacken spaltet sich der Stamm in dreieckige Scheiter entlang der Markstrahlen, die von innen nach außen auch in dem Schaubild an der Schnittstelle verlaufen.

durch Lignin verhindert. Durch Lignin konnten sich in weitlumigeren oder englumigeren Röhren der Xylemzellen Wasserströme mit Mineralien aus dem Wurzelraum in alle anderen Teile der Pflanze bewegen. Und die Verholzung machte, wenn sie fast den ganzen Stamm erfasste, das Wachstum eines Baumes möglich. Schon erstaunlich bald nach der Entstehung des ersten pflanzlichen Lebens auf dem Land gab es auch die ersten Bäume, wenn man dabei ein paar Millionen Jahre als einen relativ kurzen Zeitraum verstehen will. Dabei verlief die Evolution nicht geradlinig. Die Entstehung von Lignin ermöglichte zuerst die Pilzabwehr. Dann wurde seine Funktion als Versteifung absterbender Zellen viel wichtiger. Und schließlich wurde Lignin zu der Substanz, die die Entwicklung der Giganten der Pflanzenwelt möglich machte: selbst der höchsten Bäume, die eine Höhe von einhundert Metern übertreffen. Als höchster Baum der Welt gilt übrigens ein Exemplar des Küstenmammutbaums (Sequoia sempervirens), der im kalifornischen Redwood-Nationalpark steht. Er ist fast 116 Meter hoch, und man hat ihm den Namen «Hyperion» gegeben. So heißt auch ein Titan, ein Riese der griechischen Mythologie, der Vater der göttlichen Sonne.

9

Das Blatt

Selbst wenn es noch so dünn ist, besteht ein Blatt aus einigen übereinander gelegenen Zellen. Im Inneren des Blattes, im Mesophyll,
treffen wir auf Parenchymzellen. Vor allem die intensiv grün gefärbten
Zellen an der Oberseite des Blattes enthalten zahlreiche Chloroplasten,
mit denen der Hauptteil der Fotosynthese geleistet wird. Zwischen
diesen Zellen befinden sich große Interzellularen, Zellzwischenräume,
die von Gasen gefüllt sind, vor allem von Kohlenstoffdioxid, dem
einen Rohstoff der Fotosynthese, und von Sauerstoff als ihrem einen
Erzeugnis. Wasser, der andere notwendige Rohstoff für die Fotosynthese, wird zuerst durch Leitbündel in die Blätter geleitet. Sie befinden sich in den Blattadern und sind direkt mit den Xylemzellen im
Spross verbunden. Von den Blattadern aus gelangt das Wasser zu jeder
einzelnen Parenchymzelle des Blattes: entlang der Zellulosefibrillen
der Zellwände und in Form von Wasserdampf, der zu den Gasen in
den Interzellularräumen hinzutritt. Im oberen Teil des Blattes sind die
Interzellularräume klein. Dort stehen die grünen Zellen wie Säulen
dicht nebeneinander und bilden ein sogenanntes Palisadenparenchym.
Die Energie der Sonne, die auf die Oberseite der Blätter scheint, kann
optimal genutzt werden. Im unteren Teil des Blattes sind die Parenchymzellen kleiner, und die Interzellularbereiche nehmen einen größeren Raum ein. Man bezeichnet das Gewebe seiner Konsistenz
entsprechend als Schwammparenchym.

Auf der Ober- und Unterseite wird das Blatt von je einer Epidermis begrenzt, einer Haut, die das Blatt durch eine Absonderung

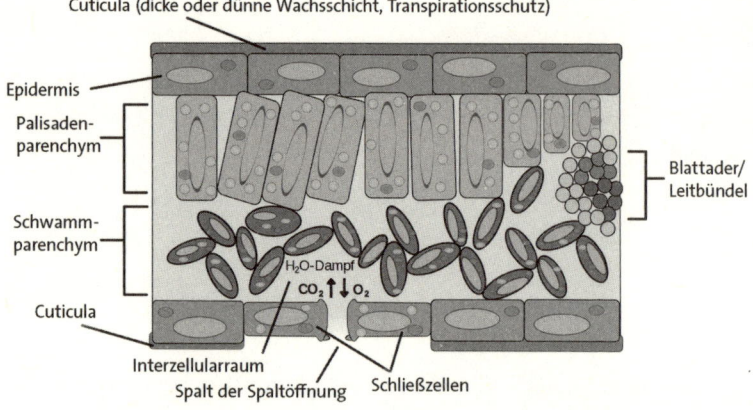

Cuticula (dicke oder dünne Wachsschicht, Transpirationsschutz)

Epidermis

Palisaden-
parenchym

Schwamm-
parenchym

Cuticula

Blattader/
Leitbündel

H_2O-Dampf
CO_2 ↑↓ O_2

Interzellularraum

Spalt der Spaltöffnung

Schließzellen

Schemazeichnung durch den Querschnitt eines Laubblattes

von Wachsen abschließt, die man Cutine nennt. Die wasserabweisende Wachsschicht, die Cuticula, verhindert weitgehend den unkontrollierten Austritt von Wasser. Nur ganz wenig Wasser kann durch die Cuticula dringen. Diese Form der Wasserabgabe oder Transpiration ist wichtig. Sie ermöglicht nämlich eine ganz langsame Bewegung der Wassersäule in den Xylemzellen der gesamten Pflanze und lässt den Wassertransport nach oben niemals abreißen; mit dem Wasser werden auch die lebensnotwendigen Mineralstoffe geliefert. Meistens ist die obere Epidermis des Blattes von einer dickeren Cuticula überzogen als die Epidermis auf der Blattunterseite. Blickt man von oben mit einem Auflichtmikroskop auf die Epidermiszellen, erkennt man, dass sie oft wie Puzzleteilchen miteinander verbunden und verschränkt sind, um gemeinsam mit ihren Wachsauflagen einen besonders effizienten Schutz gegen den Austritt von Wasser aus dem Blatt zu bilden. Von den Blättern wird kein Wasser aufgenommen; Regenwasser perlt von den leicht wasserabweisenden Blattoberflächen ab, tropft zu Boden und verhindert so, dass Fäulnis entsteht. Wasser muss also zuerst von den Wurzeln aufgenommen werden und im Spross aufsteigen, ehe es in die Blätter gelangt.

Das Blatt

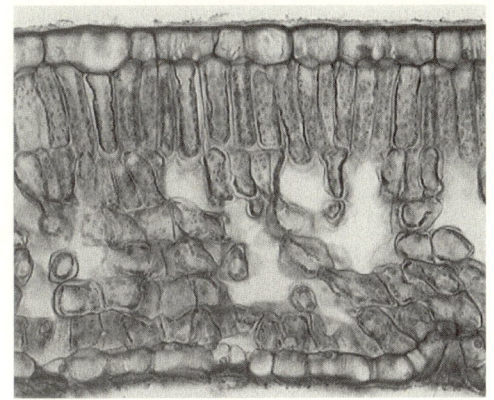

Querschnitt durch ein Laubblatt mit Palisaden- und Schwammparenchym, das oben und unten durch eine Epidermis mit Cuticula abgeschlossen wird.

Die Interzellularräume sind übrigens miteinander zu einer einzigen Interzellulare verbunden. Dass diese einen durchgehenden Raum zwischen den Zellen bildet, kann man sich am besten vorstellen, wenn man einen Sack voller Tennisbälle mit einem Blatt vergleicht. Dann ist das Blatt der Sack, die Tennisbälle aber sind die einzelnen Zellen. Der Zwischenraum ist nicht unterteilt. Das ist wichtig, denn in der Interzellulare des Blattes befinden sich überall die gleichen Gase. Der Interzellularraum ist mit Spaltöffnungen oder Stomata verbunden, die vor allem in die untere Epidermis eingelassen sind. Durch sie ist ein Luftaustausch zwischen der Atmosphäre und dem Inneren des Blattes möglich. Kohlenstoffdioxid gelangt in das Blattinnere, Sauerstoff und Wasserdampf werden abgegeben. Der Stoffaustausch durch die Stomata wird kontrolliert: Ist genügend Wasser im Inneren des Blattes vorhanden, strömt es auch in die Schließzellen ein, die eine Spaltöffnung (Stoma) nach außen begrenzen. Sie sind wie eine Wurst geformt. Ist viel Wasser vorhanden, biegen sie sich stärker nach außen, so dass der Spalt zwischen ihnen breiter wird. Ist hingegen wenig Wasser vorhanden, erschlaffen die Schließzellen, und der Spalt verschließt sich. Dann kann kein Wasser durch die Stomata abgegeben werden.

Der Einstrom von Wasser in das Innere der Schließzellen wird übrigens durch Kalium gesteuert, das in Form von Ionen im Wasser

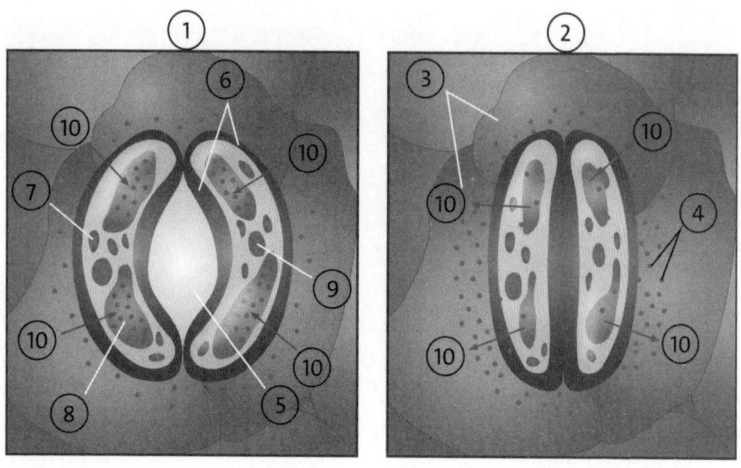

Schemazeichnungen von Spaltöffnungen (Stomata) in der Blattepidermis,
(1) geöffnet, (2) geschlossen. Wenn die Spaltöffnung geschlossen ist, befinden sich viele Kalium-Ionen (4) in benachbarten Zellen (3), bei Öffnung
strömen sie in die Vakuolen der Schließzellen (8). Sichtbar sind außerdem
Chloroplasten (7) sowie die Wände der Schließzellen (6). Bei genügendem
Vorhandensein von Wasser (10) wölben sich die Schließzellen nach außen
und geben eine Öffnung frei (5). Der Zellkern liegt in der Zellmitte (9).

vorhanden ist. Mit Kalium wird auch ein osmotischer Druck aufgebaut, der ständig Wasser aus dem Wurzelraum aufwärts in die Pflanze
saugt, denn Kalium ist hygroskopisch, Wasser anziehend. So ist dafür
gesorgt, dass in den Blättern immer so viel Wasser wie möglich und die
darin enthaltenen Mineralstoffe vorhanden sind. Besteht aber Wassermangel, gerät die Pflanze unter Stress, ihre nicht mehr turgeszenten,
das heißt Wasser enthaltenden, Blätter hängen schlaff herab und wachsen nicht weiter, denn zum Wachstum wird besonders viel Wasser benötigt: Es strömt ja in die Zellen ein und vergrößert deren Vakuolen.
Der Vorgang kann reversibel sein: Nach einem Regenschauer oder
dem Einsatz der Gießkanne hängen die Blätter nicht mehr herab.

Eine große Bedeutung hat die Wasserversorgung der Pflanze dafür, dass der Gasaustausch an den Stomata funktioniert. Denn nur dann, wenn genügend Wasser vorhanden ist, öffnen sich die Stomata auch für den Gasaustausch, also für die Aufnahme von Kohlenstoffdioxid aus der Atmosphäre und für die Abgabe von Sauerstoff aus dem Inneren der Blätter an das Außenmilieu.

Manche Pflanzen geben sehr wenig Wasser ab und können an einem sehr trockenen Ort wachsen. Andere gedeihen an einem sehr feuchten Ort und geben besonders viel Wasser ab. Die Abgabe und Aufnahme von Wasser und Gasen wird in einer Pflanze nicht zentral gesteuert, sondern erfolgt ebenfalls willenlos. Die Ausprägung von anatomischen Eigenheiten einer Pflanze dient nicht final einem Zweck. Im Verlauf der Evolution überlebte vielmehr am ehesten ein Individuum, das bestimmte morphologische Eigenheiten besaß. Andere Gewächse, die darüber nicht verfügten, waren stärker der Gefahr ausgesetzt einzugehen.

Sowohl die obere als auch die untere Epidermis kann mehrere Schichten besitzen. Vor allem die Blattoberseite ist von einer dicken Cuticula überzogen; denn dort wird das Blatt von den Sonnenstrahlen getroffen und von dort geht die größte Gefahr der Austrocknung aus. Eine Pflanze muss eine enorme Menge Glukose, die sie bei der Fotosynthese aufgebaut hat, gewissermaßen «investieren», um genügend Cutin zum Aufbau der Cuticula bereitstellen zu können. Dieser Anteil an Glukose kann nicht zum «normalen» Wachstum verwendet werden. Zwar ist die Pflanze mit der dicken Cuticula besser vor dem Austrocknen geschützt, sie wächst aber auch langsamer. An wasserreicheren Wuchsorten ist die Pflanze, die viel Cutin produziert, derjenigen unterlegen, die die Gesamtheit der Glukose zum Wachstum verwenden kann.

An trockene Standorte ist auch diejenige Pflanze am besten angepasst, bei der die Spaltöffnungen in eine Vertiefung eingelassen sind. Die höhlenartige Vertiefung kann zusätzlich nach außen hin durch Blatthaare abgeschlossen sein. Die Haare halten Feuchtigkeit zurück, so dass sie nicht vom Wind, der über das Blatt streicht, aufgenommen wird. Wird Wasserdampf in der Höhle festgehalten, können die Stomata länger geöffnet bleiben, so dass mehr Kohlenstoffdioxid aus der Luft in das Blattinnere aufgenommen wird und die Fotosyntheseleistung höher sein kann, obwohl eigentlich Mangel an Wasser besteht. Auch spezielle Stoffwechselwege ermöglichen eine bessere Wasserausbeute bei trockenen Umweltverhältnissen.

In sehr feuchten Gebieten, beispielsweise im Tropischen Regenwald, in dem enorme Regenmengen fallen, haben viele Pflanzen dagegen hygromorphe Blätter, aus denen große Mengen Wasser abgegeben werden. Diese Blätter haben nur eine einschichtige Epidermis, die höchstens eine ganz dünne Cuticula bildet. Die Stomata sind nach außen gestülpt, so dass der Wind die sich bildenden Wassertropfen möglichst mit sich nimmt, ehe es zu Fäulnisprozessen kommt. Haben hygromorphe Blätter lebende Haare, so sind sie in diesem Fall so geformt, dass sie die Wasserabgabe nicht verhindern, sondern sogar fördern: An ihnen wird Wasser in den Wind gehalten und von ihm aufgenommen.

Bei Schwimmblättern, etwa von See- und Teichrosen, befinden sich die Stomata an der Blattoberseite, da ein Gasaustausch an der Blattunterseite ja nicht möglich ist. In langen Stängeln der Schwimmblattgewächse werden Wasser und Mineralstoffe vom Seegrund an die Seeoberfläche transportiert. Auf die Oberfläche der Schwimmblätter geratenes Wasser hingegen perlt sofort ab. Ansonsten könnten die Blätter von immer schwerer werdenden Wassermengen ins Wasser gedrückt werden und untergehen.

Blätter haben keine lange Lebensdauer und sterben nach einiger Zeit ab. Unter dem Einfluss eines Jahreszeitenklimas treiben die Blätter im Frühjahr aus und fallen im Herbst zu Boden. In den Tropen, in denen es kaum Jahreszeiten gibt, sind die Bäume immergrün. Ihre Blätter bestehen aber ebenfalls nicht ewig, halten nur ein wenig länger als dünne Blätter. Dann fallen auch sie vom Baum, aber nicht synchron. Daher bleibt der Eindruck des grünen Baumes immer bestehen, aber die einzelnen Blätter, die die grüne Farbe hervorrufen, sind immer wieder neue, die sich bilden, wenn alte abgefallen sind.

Einige immergrüne Gewächse können auch außerhalb der Tropen

existieren, dort, wo die winterlichen Fröste nicht zu stark sind, etwa am Mittelmeer. Efeu, Stechpalme oder Mistel gedeihen selbst in Mitteleuropa, und zwar vor allem in der Nähe des Meeres, wo seltener extrem niedrige Temperaturen auftreten als im Inneren des Kontinentes. Bei zu starkem Frost, wenn das Wasser gefriert, werden die Blätter und ihre Membranen von innen zerrissen. Bekanntlich hat Wasser bei vier Grad Celsius seine größte Dichte. Erwärmt es sich oder kühlt es ab, dehnt es sich aus.

Eine längere Lebensdauer haben auch die harten Nadelblätter der Nadelbäume. Kiefer, Tanne und Fichte sowie weitere Koniferen sind ebenfalls immergrün; die Lärche allerdings lässt im Herbst ihre dann leuchtend gelben Nadeln fallen und treibt im Frühjahr neue, zunächst zartgrüne. In Nadelwäldern findet man trockene, vom Baum gefallene Nadeln in Massen am Boden; die Rote Waldameise baut aus den Nadeln der Fichte ihre Ameisenhaufen. Auch sie haben also kein ewiges Leben, sondern fallen regelmäßig zu Boden, und neue Nadeln ersetzen sie. Wie an Trockenstandorte angepasste Pflanzen haben sie ebenfalls eine dicke Cuticula. Unterhalb der Epidermis liegt eine Schicht aus toten Zellen, die sehr dickwandig sind und daher dem Nadelblatt eine große Festigkeit verleihen, so dass sie eine stabile Form behalten, wenn wenig Wasser verfügbar ist. Man kann diese Zellen auch als Sklerenchymzellen bezeichnen, in denen speziell festigende Strukturen in die Wände eingebaut sind. Nach dem Abschluss ihres Wachstums bilden sie eine dicke Zellwand und sterben dann ab; das heißt, sie besitzen keinen eigenen Zellkern mehr und können keine weiteren chemischen Umsetzungen mehr leisten. Eine tote Zelle baut keine Zellwand mehr auf und besitzt keine Vakuole als Speicher von anorganischen und organischen Substanzen.

Der Interzellularraum zwischen den Parenchymzellen des Nadelblattes ist klein, die Stomata sind zwischen das Festigungsgewebe eingefügt. Die Schließzellen befinden sich daher in Aushöhlungen oder Vertiefungen, so dass nur wenig Wasser von ihnen abgegeben wird. Diese Eigenschaften ermöglichen Nadelbäumen ein Wachstum in den Trockenregionen des Mittelmeergebietes, in denen sie genauso vorkommen wie in kalten Regionen. Auch dort kann es nämlich zu Trockenheit kommen, zur sogenannten Frosttrocknis, wenn das Wasser im Boden und in den Stämmen der Nadelbäume zu Eis gefriert. Dann sind die Xylembahnen blockiert – mit der Folge, dass keine Fotosynthese stattfindet und auch keine Mineralstoffe in die Blätter geleitet werden.

Lässt aber die Sonne die Lufttemperaturen auf über den Gefrierpunkt ansteigen, können Nadelblätter bereits im frühen Frühjahr und noch im späten Herbst zeitweise Fotosynthese betreiben, selbst wenn der Waldboden noch gefroren ist. Bei einer sonst allgemein kurzen Vegetationsperiode, wie sie im hohen Norden besteht, kann auf diese Weise jeder Sonnenstrahl zur Fotosynthese genutzt werden, und die Pflanze muss im Frühjahr nicht in den Aufbau junger Nadeln in ihrer gesamten Blattkrone investieren.

Das Nadelblatt enthält besonders viele Harzkanäle. Harz ist ein Gemisch von verschiedenen Stoffen (Terpentin, Balsame usw.), die oft in Ätherischen Ölen gelöst sind. Viele von ihnen haben einen starken Geruch und gehören zu den Sekundären Pflanzenstoffen, die je nach Pflanzenart unterschiedlich ausgebildet sein können und dann einen abweichenden Geschmack oder Geruch haben. Diese Stoffe werden ebenso wie die großen Mengen an Cutin aus dem Stoffwechsel der Pflanze abgezweigt. Auch hier gilt: Wo viele Sekundäre Pflanzenstoffe aufgebaut werden, steht weniger Glukose zur Bildung von Zellulose für das Wachstum einer Pflanze zur Verfügung. Pflanzen ohne Sekundäre Pflanzenstoffe wachsen rascher als solche, in denen diese Stoffe gebildet werden. Das Harz kann Beschädigungen der Pflanze verschließen, und es hält bestimmte Tiere davon ab, an der Pflanze zu fressen, ist also ein «Fraßschutz» etwa gegen Rehe und Hirsche.

Sekundäre Pflanzenstoffe bilden sich auch in vielen anderen Blättern aus, unter anderem in solchen, die wir als Gewürze verwenden (Blattgewürze sind zum Beispiel Petersilie und Salbei). Gespeichert werden die Sekundären Pflanzenstoffe zum Beispiel in speziellen Ölbehältern, die sich bei der Differenzierung aus sich teilenden Pflanzenzellen entwickelten. Auf dem Blatt der Walnuss sind diese Ölbehälter

wie bei vielen anderen Pflanzen an der Spitze von Blatthaaren untergebracht. Bei einer Berührung zerreißen die Ölbehälter, und der Duft
wird freigesetzt. Viele Tiere lassen von dem Blatt ab und fressen es
nicht, wenn sie den Duft wahrnehmen.

Abgewandelte Blätter finden sich auch in der Blüte, auf die später
eingegangen wird. Weitere Blätter sind Speicherorgane, beispielsweise
Zwiebeln im Boden, aus denen im Frühjahr unter Nutzung der gespeicherten Substanzen rasch junge Pflanzen austreiben können. Viele
der sogenannten Frühjahrsgeophyten, die sehr rasch im Frühjahr, im
noch unbelaubten Wald, erscheinen können, haben Zwiebeln, beispielsweise Schneeglöckchen und Märzbecher, Blaustern und Krokus.
Bei anderen Frühblühern kommen die Jungpflanzen aus Knollen zum
Vorschein, die dicht unter dem Boden Zuckermoleküle speichern, so
dass sie schnell mobilisiert werden können und die Pflanzen austreiben
lassen. Das ist beispielsweise bei der Anemone oder dem Scharbockskraut der Fall.

Umgewandelte Blatt- oder Sprossorgane sind auch die Kartoffel-
knollen. Das lässt sich leicht beweisen: Man lege eine Knolle in die
Sonne, und sie wird nach wenigen Tagen grün. Denn aus den Plastiden der Kartoffelknolle, die Stärke speichern und dann als Leukoplasten bezeichnet werden, entwickeln sich unter dem Einfluss des
Sonnenlichtes Chloroplasten, die beginnen, Fotosynthese zu betreiben. Man kann diesen einfachen «Versuch» auch in der Küche oder in
einem anderen Zimmer durchführen. Weil sich zur gleichen Zeit wie
die Chloroplasten aber giftige Alkaloide als Sekundäre Pflanzenstoffe
bilden, soll man grün gewordene Teile der Kartoffel nicht essen; vor
dem Verzehr werden grüne Stellen abgeschnitten. Allerdings werden
die Alkaloide auch durch Kochen zerstört.

In den letzten drei Kapiteln wurden die Grundorgane des Kormophyten gewissermaßen von unten nach oben beschrieben. Das ist
sinnvoll, weil sich so, ausgehend von dem Punkt der Pflanze, der im
Boden verankert ist, die Wege von Wasser und Mineralstoffen gut ver-
folgen lassen. Wurzel, Spross und Blatt sind so fest miteinander verbunden, dass man die Beschreibung selbstverständlich auch mit dem

Blatt beginnen lassen kann, in dem der Stoffaufbau seinen Ausgang nimmt. Kennzeichnend für Pflanzen ist, dass in ihnen immerfort ein Stoffaufbau aus einfachen anorganischen Substanzen stattfindet, der bei beständigen organischen Stoffen endet. Der Stoffaufbau auf der Erde durch die Pflanzen ist stets umfangreicher als der Abbau von Stoffen gewesen, durch den wieder einfache anorganische Substanzen aus organischen entstehen. Organische Substanz sammelte sich also auf der Erdoberfläche an, ein Vorgang, der von der Anreicherung an Sauerstoff in der Atmosphäre begleitet war und ist. Von der pflanzlichen Aufbauleistung gingen und gehen grundlegende Umweltveränderungen auf der Erde aus. Es entstanden zahlreiche neue Ablagerungen an der Erdoberfläche, zu denen alle Gesteine gehören, die Kohlenstoff enthalten. Landmassen wurden vergrößert. Aber auch die Atmosphäre wurde verändert. Aus einer viel Kohlenstoffdioxid enthaltenden Lufthülle der Erde, die einen starken Treibhauseffekt an der Oberfläche der Erde auslöste, so dass ein Leben an Land zunächst nicht möglich war, wurde eine sauerstoffhaltige Atmosphäre, unter der die Erdoberfläche merklich abkühlte. Zahlreiche ökologische Veränderungen hängen von der Stoffwechselleistung der Pflanzen ab. Dadurch war eine dynamische Veränderung für die Erde stets charakteristisch. Die Naturbedingungen blieben niemals gleich, die Erde veränderte sich.

10

Verschiedene Landpflanzen

In den letzten Kapiteln wurden einige Charakteristika aller Landpflanzen vorgestellt. Eine Dreiteilung lässt sich bei jeder von ihnen erkennen. Es gibt Wurzeln oder wurzelähnliche Organe, Sprosse oder sprossähnliche Teile, Blätter oder blattähnliche Strukturen. Alle Pflanzen wachsen an ihren Spitzen nach der Teilung von Zellen: an der Wurzelspitze, was exemplarisch dargestellt wurde, ganz entsprechend aber auch an den Spitzen von Sprossen und Blättern. Bei vielen Gefäßpflanzen gibt es weitere Zellteilungszonen in den gebündelten Leitbahnen oder Leitbündeln, in denen Wasser, Mineralstoffe und Assimilate transportiert werden. Die Pflanzenkundler früherer Jahrhunderte bezeichneten die Leitbahnen übrigens als Gefäße, weil sie diese mit Blutgefäßen, den Adern, verglichen. Seitdem werden alle Pflanzen mit Leitbahnen als Gefäßpflanzen bezeichnet, obwohl dieser Ausdruck eigentlich aus verschiedenen Gründen in die Irre leiten kann. Denn zum einen haben weder Adern noch Gefäße der Pflanzen etwas mit einem Behälter oder Container zu tun, in dem man etwas transportiert. Und zum zweiten funktionieren Adern und pflanzliche Leitbahnen völlig anders. In beiden Bahnen werden Stoffe transportiert, aber bei Tieren braucht man dazu beispielsweise ein Herz als Pumpe, während bei den Pflanzen diese Funktion unter anderem die Osmose, unterschiedliche Ionengehalte beiderseits einer semipermeablen Membran, und Kapillarkräfte übernehmen. Außerdem verläuft der Transport in den Blutgefäßen in einem Kreislauf, in den Leitbündeln der Pflanzen aber in zwei Richtungen. Zu den Gefäßpflanzen gehören sehr viele Landpflanzen, nämlich Bärlappe, Farne und Schachtelhalme, schließlich natürlich die Samenpflanzen, aber nicht die Moose.

Gemeinsamkeiten und Unterschiede von Organismen gibt es beim Wachstum. Wenn sich eine Mutterzelle zu zwei Tochterzellen teilt, spricht man von einer vegetativen im Unterschied zu einer geschlechtlichen Vermehrung, obwohl Zellteilungen bei allen Organismen und keineswegs nur bei Pflanzen auftreten. Jeder Zellteilung geht eine Verdoppelung des genetischen Materials voraus, das dann auf die beiden Tochterzellen aufgeteilt wird. Der gesamte genetische Prozess vor der Zellteilung wird als Mitose bezeichnet. Allein durch Mitosen und Zellteilungen bilden sich aus einem Kormus auch Ausläufer von Pflanzen, und aus diesen mehrere oder viele weitere «Pflanzen», von denen jede einzelne ebenfalls ein Kormus ist. Eigentlich aber handelt es sich dabei um einen Klon. An einem Klon hängen erbgleiche Organismen, die keine Individuen sind. Klone sind beispielsweise aus Ausläufern gezogene Erdbeerpflanzen, die alle genetisch identisch sind, oder auch Kartoffelpflanzen, die man beim Kartoffellegen erzeugt. Sie sprießen aus einem Speicherorgan, das rein durch Mitosen entstanden ist, wie auch die Zellteilungen beim Wachstum der Pflanze allein aus Mitosen hervorgehen. Was man als Kartoffel-«Sorten» bezeichnet, sind in Wahrheit ebenfalls Klone. Weil sich Organismen, die Kartoffeln als sogenannte Schädlinge befallen, immer wieder genetisch ändern, nicht aber die Klone der Kartoffeln, muss man immer wieder neue Klone oder «Sorten» in den Handel bringen. Denn die alten Klone werden immer stärker beispielsweise durch Pilze angegriffen. Es ist nicht unbedingt vernünftig, zu lange immer wieder die gleichen Kartoffel-Klone im Handel anzubieten, auch wenn diese noch so beliebt sind.

Verläuft ihre Vermehrung nicht über Klone, durchlaufen alle höher entwickelten vielzelligen Organismen einen Kernphasenwechsel, in dem zeitweise diploide Phasen mit zwei Chromosomensträngen in den Zellkernen und zeitweise haploide Phasen bestehen, in denen nur ein Chromosomenstrang im Zellkern vorhanden ist. Und es gibt einen damit in Verbindung stehenden Generationswechsel, in dem reine Zellteilungen, also Mitosen, abwechselnd mit Meiosen auftreten, in deren Verlauf zunächst eine diploide zu zwei haploiden Zellen getrennt wird (bei einer Reduktionsteilung) und sich dann zwei haploide Zellen, die von unterschiedlichen Individuen stammen, zu einer diploiden Zygote vereinigen. Die sich abwechselnden diploiden und haploiden Phasen können zeitlich weit auseinander oder nahe beieinander liegen. Welche der beiden Phasen länger anhält, ist von Organismus zu Organismus verschieden.

Die meisten vielzelligen Lebewesen kennen wir vor allem in dem Zustand, den sie als diploider Organismus einnehmen. Bei Tieren (und Menschen) gibt es als einzige nicht diploide Zellen die Geschlechtszellen, das sind Eizellen und Samenzellen. Sie sind haploid und entstehen durch eine Reduktionsteilung, bei der aus diploiden die haploiden Zellen hervorgehen. Zwei haploide Zellen unterschiedlicher Individuen finden zueinander und verschmelzen, ohne dass es zu weiteren Mitosen kommt, zu einer Zygote, die wieder diploid ist. In der Zygote findet ein Crossing-Over statt, ein Austausch von genetischem Material, der dafür verantwortlich ist, dass Individuen der Kindergeneration entstehen, die nicht genau identisch sind mit denen der Elterngeneration. Die Kindergeneration erhält genetisches Material oder Anlagen sowohl von der Mutter als auch vom Vater. Alle Zellen, die sich nach der Teilung der Zygote und bei vielen weiteren Zellteilungen bilden, erhalten dann das identische genetische Material wie die ursprüngliche Zelle, das aber vor der Zellteilung verdoppelt werden muss. Die Zellen vermehren sich also durch Mitosen.

Auch bei Gefäßpflanzen kennen wir vor allem diejenigen, die die diploiden Zellen bilden. Sie teilen sich zu haploiden Zellen. Im Unterschied zu den Tieren trennen sich bei den Gefäßpflanzen auch die haploiden Zellen einige Male, es kommt also auch bei ihnen zu einigen Mitosen, bei denen nur der eine Chromosomenstrang zuerst verdoppelt wird, bevor sich die Zelle teilt. Schließlich werden haploide männliche Sporen oder Pollenkörner ausgestreut, die oft durch den Wind zu den haploiden Eizellen übertragen werden. Bei der Befruchtung des Eis kommt es zur Zygotenbildung und damit wieder zur Bildung von diploiden Zellen, in denen ebenfalls wie bei den

Tieren ein Crossing-Over stattfindet, also eine Neukombination von genetischem Material. Das gesamte befruchtete Ei, das als Same heranwächst, und die Pflanze bestehen dann aus diploiden Zellen, die sich durch Mitosen vermehren. In diesen Pflanzen, welche die Sporen bilden und daher als Sporophyten bezeichnet werden, kommt es erst dann zu einer Reduktionsteilung, wenn sich Geschlechtszellen oder Gameten bilden. Die diploide Phase dauert im Rahmen des Kernphasenwechsels erheblich länger als die haploide Phase. Da diploide und haploide Phase einander abwechseln, gibt es außerdem einen Generationswechsel.

Moose sind zwar wichtige Landpflanzen, aber keine echten Gefäßpflanzen. Sie sind auch nicht wie alle Gefäßpflanzen klar in Wurzel, Spross und Blatt gegliedert, sondern bilden einen Körper aus, der eher als Thallus bezeichnet werden muss – wie bei einer vielzelligen Makroalge, die im Wasser oder am Ufer lebt. Und noch etwas ist grundsätzlich anders bei diesen zarten Gewächsen: Was wir als Moos am Waldboden sehen, ist ein haploides Gewächs, der haploide Gametophyt, aus dem der Gamet hervorwächst, also der «Gatte». Er ist entweder weiblich oder männlich, trägt also ein weibliches Archegonium oder bringt männliche Antheridien hervor. In den Antheridien werden Spermatozoide gebildet, die auf eine Distanz von einigen Millimetern zu den Archegonien schwimmen müssen, wobei Zuckermoleküle den richtigen Weg weisen. Der Name Spermatozoide verrät, dass man sie für «tierähnlich» oder «zoid» gehalten hat. Aber das ist eine in die Irre führende Benennung, weil es sich dabei weder um Tiere noch um tierähnliche Körper handelt. Immer wieder sind wir vor das Problem gestellt, dass die Pflanzenteile von Forschern benannt wurden, die eigentlich Ärzte waren und daher humanmedizinische Begriffe für Pflanzliches fanden – das erleichtert einem den Lernprozess nicht gerade. Man muss erst die Fachausdrücke erläutern und erklären, was die Strukturen eigentlich sind. Sie erklären sich nicht von selbst: Bei Moosen gibt es selbstverständlich keine tierähnlichen Entwicklungsphasen, die man als «zoid» bezeichnen könnte.

Zur Befruchtung der Moose kann es nur kommen, wenn sich

Wasser zwischen den Antheridien und den Archegonien befindet. Moose leben in einem Milieu, in dem es zumindest zeitweise sehr feucht sein muss. Moose können allerdings auch austrocknen – in einem solchen Zustand können die Spermatozoide nicht freigesetzt werden. Aber der Austrocknungsprozess ist reversibel; wenn wieder genug Feuchtigkeit vorhanden ist, werden Spermatozoide gebildet und die sexuelle Vermehrung der Moose kann ihren Lauf nehmen.

Bei der Vereinigung der zwei Gametophyten kommt es zur Meiose und zur Bildung diploider Zellen und damit eines Sporophyten, an dem die Sporen heranwachsen. Er ist unauffällig und sitzt auf der haploiden Moospflanze, von der er überdies mit Wasser und Mineralstoffen versorgt werden muss. Aus dem Sporophyten gehen nach einer Reduktionsteilung der diploiden Zellen erneut haploide Pflänzchen hervor, in denen zahlreiche Mitosen stattfinden und der Organismus dadurch mehr Zellen bekommt, die sich anschließend genauso wie andere Zellen strecken und differenzieren können.

Die zarten Gewächse der Moose haben keine echten Leitbahnen, es entwickeln sich bei ihnen folglich keine verholzten Triebe. Die Moose bleiben stets klein. In Polstern können sie sich gegenseitig stützen; besonders gut ist dies bei Torfmoosen zu erkennen. Dicht bei dicht stehend bauen sie den Hochmoortorf auf, indem sie stetig nach oben wachsen und von den Moospflänzchen in der Nachbarschaft aufrecht gehalten werden, während sich ihre Würzelchen im stark sauren Milieu des Hochmoortorfs auflösen. Zwischen den Blättchen der Torfmoose und anderer Moose wird sehr viel Wasser gespeichert, das erst sehr allmählich an Fließgewässer abgegeben wird. Dank der Moospolster ist der Abfluss in Bächen gleichmäßiger: Regenwassermengen fließen nicht sofort ab, sondern werden zunächst im Wurzelraum aller Gewächse und besonders in den meist feuchten Moospolstern festgehalten, ehe sie langsam Tropfen für Tropfen in feine Rinnsale fließen, die sich zu Bächlein vereinigen.

Alle anderen Landpflanzen sind Gefäßpflanzen: die Bärlappe, Farnpflanzen, zu denen die Schachtelhalme und einige andere Gruppen von Pflanzen gehören, sowie die Blüten- oder Samenpflanzen. Zu allen diesen Gruppen gehören kleine Kräuter, aber auch große Bäume, die zu bestimmten Zeiten die Wälder der Erde prägten. Die Pflanzen breiteten sich aus und verschwanden wieder. Vielleicht überlebten immer wieder diejenigen baumförmigen Gewächse, in denen die besten Wasserleitbahnen ausgebildet waren. Unter den krautigen Gewächsen gab es dagegen immer welche, die im Schatten besser wuchsen, und andere, die sich an sonnigen Orten ausbreiteten. Sie mussten dann einen zeitweiligen Wassermangel aushalten können.

Gemessen an der langen Zeit von beinahe drei Milliarden Jahren, in denen sich Pflanzen nur im Wasser entwickelten, dauerte es tatsächlich sehr lange, bis vor etwa 400 Millionen Jahren die ersten Landpflanzen erschienen. Darunter entwickelten sich die Moose und die Gefäßpflanzen sehr bald getrennt voneinander. Für die Gefäßpflanzen war es lebensnotwendig, dass sie mit Lignin verstärkte Zellwände der Wasserleitbahnen besaßen. Ihren evolutionären Entstehungsprozess haben wir uns bereits angesehen. Ihr ursprünglicher Zweck war es, ein zu weites Eindringen von Pilzhyphen in die Pflanzen zu verhindern, deren Anwesenheit für die Versorgung der Pflanzen zwar notwendig war, die aber auch eine Gefahr für die fragilen Zellen darstellen. Zum Schutz wurden die Endodermis der Wurzeln und die Xylemzellbahnen mit Lignin ausgekleidet. Diese Auskleidungen im Spross der Gefäßpflanzen ermöglichten es dann, dass die Xylemzellen ihre Form behielten, wenn sie abstarben und zu hohlen Röhren wurden. Und durch diese mit haltbarem Lignin ausgekleideten Röhren kam es zur Bildung hoher Pflanzen, die verholzte Sprosse oder Stämme besaßen. Es scheint aus heutiger Sicht beinahe ein kurzer Zeitraum zu sein, in dem sich aus ersten Landpflanzen ganze erste Wälder entwickelten. Sie bestanden mindestens bereits vor 350 Millionen Jahren. Aber was heißt hier «bereits»? 50 Millionen Jahre vergingen, bis es deutlich dokumentiert Wälder auf der Erde gab. Die Dokumente sind die Fossilien, versteinertes Holz, aus dem die Steinkohle hervorging. Die Bäume der damaligen Zeit bezeichnet man als Siegel- und Schuppenbäume, und zwar nach Mustern, die man auf ihren Stämmen fand. Man weiß, dass sie bis zu dreißig Meter lang waren und dicht bei dicht standen. Sie waren mit dem Bärlapp verwandt, den wir heute nur noch als kleine krautförmige Pflanze kennen, die mit kriechender Grundachse sich am Waldboden entlangschlängelt. Vielleicht vermehrten sich die Siegel- und Schuppenbaumstämme auch vegetativ durch Ausläufer. Aber sie streuten auch Sporen aus, und diese fielen vor allem unter den langlebigen Baum, so dass vor allem in seiner Nähe weitere Individuen in die Höhe wuchsen. Die Bäume der damaligen Zeit müssen in Sümpfen gestanden haben, weil das Holz nach dem Absterben der Pflanzen nicht zersetzt wurde. Die von den Bäumen aufgebaute organische Substanz blieb erhalten, unzersetzt von Mikroorganismen, die Sauerstoff benötigen. Es entstanden riesige Speicher von Kohlenstoff, die durch Druck von später über den Flözen lagernden Gesteinen zusammengepresst wurden und sich so zu reinem Kohlenstoff umwandelten, der als Steinkohle abgebaut werden konnte. Man weiß nicht, ob es außerhalb dieser Sümpfe noch andere Wälder gab, in denen Pflanzen trockenerer Standorte vorkamen. Wahrscheinlicher ist es aber, dass die Wälder nur in den ganz feuchten Mulden verbreitet waren. Es ist anzunehmen, dass die Wasserleitbahnen der Bäume noch nicht sehr leistungsfähig waren und von einem dauernd feuchten bis nassen Untergrund mit Wasser und Mineralstoffen versorgt werden mussten. Aus diesem Grund mögen die Blätter der Pflanzen eine kleine Oberfläche gehabt haben. Nur wenig Blattgrün konnte von den Leitbahnen der Stämme versorgt werden, und selbst aus kleinen Blättern wurde viel Wasser an die Atmosphäre abgegeben. Das war auch bei weiteren Gewächsen der Fall, die in den sogenannten Steinkohlewäldern wuchsen, bei Verwandten heutiger Schachtelhalme und Farne, die beide insgesamt zu den Farnpflanzen gezählt werden. Sie besaßen kein sekundäres Dickenwachstum.

Es ist allerdings kompliziert, die Eigenheiten dieser Pflanzen zu rekonstruieren, weil in einem Steinkohleflöz die einzelnen Überreste von Pflanzen kreuz und quer übereinanderliegen: Stammstücke, Äste, Blattreste, Sporen, Wurzeln. Aber selbst die mikroskopisch kleinen haploiden Sporen blieben bis auf den heutigen Tag erhalten. Sie besaßen für die Geologen, die die Ergiebigkeit verschiedener Steinkohleflöze einschätzen mussten, eine besonders große Bedeutung. Mit der Untersuchung von Sporen explorierte man die einzelnen Lagerstätten. Deswegen gab es an speziellen geologischen Behörden Mikroskopiker, die die einzelnen Sporen bestimmen konnten und damit Hinweise darauf gaben, welche Flöze abgebaut wurden. Oft weiß man aber nicht, welche Sporen zu welchem Baumstamm gehören, denn man findet die einzelnen Fossilien separat voneinander. Bei manchen Pflanzen haben sowohl die Spore als auch das Blatt und der Stamm einen wissenschaftlichen Namen erhalten, und man wird nie ermitteln können, welche Gewächsbestandteile zueinander gehörten und wie genau deren Aussehen war.

Man weiß aber, dass es sich bei der in der Steinkohle nachgewiesenen Flora um Gefäßpflanzen handelte – sonst wären sie nicht verholzt erhalten geblieben. Und man kennt ihre heute noch existenten Verwandten, bei denen es sich allerdings meist nicht mehr um Bäume handelt. Baumfarne gibt es nur noch in den Tropen. Auch sie sind Gefäßpflanzen ohne sekundäres Dickenwachstum. Einheimische Farne sind dagegen krautige Gewächse. Alle Farnpflanzen haben einen Generationswechsel, der gerade umgekehrt abläuft wie bei den Moosen. Die diploide Generation der Sporophyten, die die Sporen hervorbringen, entweder an einem separaten Trieb oder auf der Unterseite der Wedel genannten Farnblätter, ist die größere Erscheinungsform der Gewächse, die wir am Waldboden sehen. Aus den Sporen entwickeln sich die haploiden Gametophyten. Zwei Gameten verschmelzen bei der Befruchtung und bilden eine diploide Zygote, aus der die großen Wedel hervorwachsen. Diese Wedel entspringen keiner Knospe, sondern sind wie ein Bischofsstab aufgerollt. Zuerst strecken sich die äußeren Zellen, dann beim Entfalten der Wedel die inneren.

Vor etwa 300 Millionen Jahren bildeten sich die ersten Samenpflanzen aus, die Nacktsamer, zu denen die Nadelbäume gehören, und die Bedecktsamer, zu denen die Blüten tragenden Pflanzen zählen. Diese werden wiederum in Zweikeimblättrige und Einkeimblättrige Pflanzen eingeteilt. Die zuerst keimenden Blätter der Zweikeimblättrigen sind anatomisch besonders geformt; sie sind einfacher

Verschiedene Landpflanzen

gebaut als die sich später bildenden Blätter, sie sind grün und betreiben Fotosynthese. In ihnen werden Zucker aufgebaut, die bei den ersten Wachstumsschritten der Gewächse verbraucht werden. Die Keimblätter oder Kotyledonen werden dann funktionslos, verbleichen und vergehen. Bei der ausgewachsenen Pflanze sind sie nicht mehr zu sehen. Anders kommen die Einkeimblättrigen Pflanzen zum Vorschein. Sie treiben einfach ein erstes Blatt, das erhalten bleibt und im Gegensatz zu den Keimblättern oder Kotyledonen der Zweikeimblättrigen nicht von der Pflanze abfallen. Daher haben die Einkeimblättrigen oder Monokotylen Pflanzen eigentlich kein echtes Keimblatt, sondern treiben sofort ein erstes Blatt aus dem Samen aus.

Die Samenpflanzen haben einen ähnlichen Generationswechsel wie die Farnpflanzen. Ihre Gametophyten sind mikroskopisch klein. Die männlichen Gametophyten werden allerdings nicht als Sporen bezeichnet, sondern als Pollenkörner, die zu den ebenfalls winzigen Eizellen gelangen und diese befruchten. Die Zygote, die durch die Verschmelzung beider haploider Zellen entsteht, wächst zuerst zum Samen aus, dann zur gesamten Pflanze, die diploid ist und die man Sporophyt nennt, um die Parallelität zur Entwicklung der Farnpflanzen zu zeigen, obwohl diese keine Sporen hervorbringen. In ihren Blüten entstehen nämlich anstelle von Sporen Pollenkörner und Eizellen.

Unter den Samenpflanzen gibt es auch baumförmige Gewächse, die kein sekundäres Dickenwachstum aufweisen; zu ihnen gehören die Palmen. Sie sind daher keine echten Bäume; sie wachsen nur an der Spitze weiter nach oben, werden aber sehr hoch, bis zu 60 Meter. Und sie sind mehrfache Rekordhalter. Das längste Blatt der Welt gehört zur Palme Raphia, es kann 25 Meter lang werden. Der Riese unter den Blütenständen gehört zur Palme Corypha, er wird über 7 Meter lang und enthält Millionen von Blüten. Und keine andere Pflanze hat eine derart große Frucht wie die Seychellen-Palme, deren Samen 22 Kilogramm auf die Waage bringt. Die einzig wachsenden Spitzentriebe der Palmen sind sehr frostempfindlich. Sie können daher nur in einem warmen Klima wachsen, in dem es nie oder so gut wie nie Temperaturen von unter null Grad Celsius gibt.

Alle anderen Ein- und Zweiblättrigen Pflanzen sind entweder einjährige Gewächse, ausdauernde Kräuter, Sträucher oder Bäume. Die Bäume sind durch sekundäres Dickenwachstum ausgezeichnet, und zwar sowohl die Nacktsamer als auch die Bedecktsamer. Gymnospermen, zu denen die einheimischen Nadelbäume gehören, haben allgemein ähnlich große Leitbahnen für Wasser und Mineralstoffe, die man als Tracheiden bezeichnet. Sie sind allerdings im Frühholz weitlumiger und haben dünnere Zellwände als im Spätholz. Tracheiden gibt es auch bei den Angiospermen, den Laubhölzern. Bei diesen Pflanzen sind sie im Frühholz ebenfalls weitlumiger und dünnwandiger, dicker und englumiger dagegen im Spätholz. Zusätzlich gibt es aber bei den Laubhölzern noch wesentlich größere Tracheen, bei einigen vor allem im Frühholz. Daher können bei Laubbäumen wahlweise große Wassermengen vornehmlich in den Tracheen geleitet werden, kleinere Wassermengen werden in den wie Kapillaren wirkenden Tracheiden durch physikalische Kräfte festgehalten und so für trockenere Witterungsabschnitte aufgespart.

Nadelbäume wachsen am besten an Stellen, an denen es gleichmäßig relativ kleine Mengen an Wasser im Boden gibt. Das ist in Trockengebieten der Fall, zum Beispiel am Mittelmeer, oder auch in kalten Regionen, in denen es immer wieder zur Frosttrocknis kommt, also im hohen Gebirge und in den Borealen Nadelwäldern oder der Taiga am Rand der Arktis. Die Laubbäume nutzen große und kleine Regen- und Wassermengen in den gemäßigten Zonen der Erde, oder sie gedeihen unter gleichmäßig regenreichen Klimabedingungen, die in den Tropen ausgebildet sind. In den Tropen gibt es keine Jahreszeiten, in den höheren Breiten der Erde existiert dagegen eine ausgeprägte Saisonalität. Kaum eine Pflanze, die in den Tropen gedeiht, kann auch unter den Bedingungen von wechselnden Jahreszeiten wachsen. Die Floren der Tropen und der außertropischen Erdgegenden sind daher von Grund auf verschieden. Es gibt grundsätzlich unterschiedliche Typen von Vegetation; heutzutage werden sie aber alle von Samenpflanzen dominiert.

Über all dieses, einen Stoff, der sich trocken liest und die Pflanzenkundler von alters her zu Meistern darin machte, die verschiedenen Pflanzen in Systemen einzuteilen, schrieb der Botaniker Carl Ludwig Willdenow (1765–1812), in seiner «Anleitung zum Selbststudium der Botanik» von 1802: «Wundervoll hat die Natur das Geschäfte der Zeugung bey den Gewächsen angeordnet und mehrere Zwecke auf so schickliche Art vereiniget, dass wir den weisen Zusammenhang mit Recht bewundern müssen. Wie könnte wohl durch ein Ungefähr, oder durch die willkührliche Wirkung der Kräfte des Universums, dergleichen hervorgebracht werden?»

Auf Carl Ludwig Willdenow wird zurückzukommen sein.

11

Urpflanze und Kormus

Noch immer war nicht von den Blüten der Pflanzen die Rede. Dabei wurden und werden sie immer wieder für die entscheidenden Merkmale gehalten, mit denen man Pflanzen unterscheiden kann. Das war bereits in dem grundlegenden System des schwedischen Botanikers Carl von Linné (1707–1778) so. Nimmt man einfache Bestimmungsbücher wie beispielsweise den Klassiker «Was blüht denn da?» zur Hand, um die Namen von Pflanzen zu ermitteln, die einem unbekannt sind, geht man ebenfalls von der Blütenfarbe und -form aus. Linnés Ordnung der Pflanzen beruhte darauf, «daß bei den meisten der eine oder andere Teil der Blüte oder Fruktifikation gewählt ist, um nach dessen verschiedener Beschaffenheit die Haupteinteilung der Pflanzen zu machen, und daß nicht nur die Klassen und Ordnungen, sondern auch insbesondere die Kennzeichen der Gattungen (Character genericus) von der Anzahl, Figur, Lage, Verbindung, Proportion und Substanz der verschiedenen Teile der Blüte» ausgingen; «die Unterscheidungszeichen der Arten (Differentia specifica) aber von den Blättern, dem Stengel und andern Teilen einer Pflanze außer der Blume hergenommen und bestimmt sind». Linné unterschied dann beispielsweise eine Klasse «Monandria. Pflanzen mit einem einzigen Staubfaden in einer Zwitterblume» von einer zweiten Klasse Diandria mit zwei Staubfäden. Bei den Triandria erkannte er drei Staubblätter. Und so weiter: In dieser Art und Weise werden insgesamt vierundzwanzig Klassen von Pflanzen aufgezählt, denen dann die einzelnen Gattungen und Arten zugeordnet werden. Man muss die Merkmale in der Blüte untersuchen, und auf dieser Grundlage gelingt es, den Namen von Pflanzenarten zu finden.

Johann Wolfgang von Goethe (1749–1832), der sich intensiv mit Linnés Systematik auseinandergesetzt hatte, entwickelte einen anderen Zugang zur Welt der Pflanzen. Es ging ihm darum, die Entstehung ihrer Vielfalt und die Entwicklung dieser Vielfalt zum derzeitigen Erscheinungsbild nachzuzeichnen. Es müsste eine Möglichkeit geben, die sich permanent weiter entwickelnde Mannigfaltigkeit der pflanzlichen Formen zu beschreiben. Und daraus müsste man die Idee einer Urpflanze entwickeln können, auf deren Gestalt alle Gewächse zurückzuführen sein sollten. Dabei ging es nicht um die «Konstruktion einer Pflanze» im Sinne des Konstruktivismus, sondern um die Idee, über die man die Pflanze verstehen könne.

Für Goethe war das Blatt das entscheidend wichtige Grundorgan, aus dem alle anderen Bildungen der Pflanze durch Metamorphose hervorgingen. Formen der Pflanzen dürfen nicht als Zustände gesehen werden, sondern sie sind Momentaufnahmen in einer fortdauernden Entwicklung, Verwandlung oder Metamorphose aus einer schon bestehenden Form heraus. Goethe schrieb: «Die Verwandtschaft der Krone mit den Stengelblättern zeigt sich uns auch auf mehr als eine Art: denn es erscheinen an mehreren Pflanzen Stengelblätter schon mehr oder weniger gefärbt, lange ehe sie sich dem Blütenstande nähern; andere färben sich vollkommen in der Nähe des Blütenstandes.»

Das wird heute zum Teil noch genauso gesehen, denn die meisten Teile der Blüte, nämlich Kelchblätter, Blütenkronblätter, Staubblätter und Fruchtblätter hält man für «metamorphisierte» Blätter, in deren Zellen nicht unbedingt Chloroplasten enthalten sind, sondern andere Formen von Plastiden, deren Einbau in die Zellen man allgemein über die Endosymbionten-Theorie erklärt. Man weiß heute, dass alle Plastiden aus Vorformen, den Proplastiden, hervorgingen und auch aktuell hervorgehen. Sie können ineinander überführt werden: die grünen Chloroplasten als Orte der Fotosynthese, andere Farbpigmente enthaltende Chromoplasten, aber auch Leukoplasten, die als Amyloplasten Stärke aufweisen, als Elaioplasten Öl und als Proteinoplasten Eiweiß. Sie sind also Auslöser der Metamorphose von Blättern. Hinzu kommen die Formen der Blätter, die sich unterscheiden, je nachdem ob es sich um Keimblätter oder Laubblätter handelt, und die an der Basis der Sprosse anders angeordnet sein können als weiter oben: an der Basis eines Stängels nahezu gegenständig, oberhalb wechselständig. Und dann haben die Blätter der Blüte natürlich ein abweichendes Aussehen.

Auch den Spross leitete Goethe aus dem Blatt her, was berechtigt sein kann, wenn man bedenkt, dass Stängel krautiger Pflanzen grün sein können und also ebenso wie die Blätter Fotosynthese betreiben; auch werden sowohl Stängel als auch Blätter von Leitbündeln durchzogen, die in den Sprossen besonders zahlreich sind, aber auch in den feinen Verästelungen der Blattadern anatomisch identisch aufgebaut sind wie im Spross. Allerdings ist es schwierig, sich vorzustellen, wie die Metamorphose vom Blatt zum Baumstamm vor sich gegangen ist. Es ist schon nicht leicht zu verstehen, wie die Metamorphose von krautigen Sprossen zu verholzten Trieben verläuft. Will man das eine Grundorgan aus einem anderen herleiten, könnte man vielleicht eher eine Metamorphose der Sprosse annehmen, die einerseits zu verholzten Stämmen, andererseits zu den Blättern und von dort zu den Blütenorgangen führte.

Solche Vorstellungen bewegten Carl Ludwig Willdenow, den ersten berufenen Professor für Botanik an der Berliner Universität, von dem schon die Rede war. Willdenow war mit Alexander von Humboldt (1769–1859) eng befreundet, der Pate von Willdenows einzigem Sohn wurde. Goethe war ebenfalls mit Humboldt gut bekannt. In ihren Arbeiten zur grundsätzlichen Erklärung des Phänomens «Pflanze» fanden Goethe und Willdenow jedoch offenbar nicht zueinander.

Willdenow hat wohl zum ersten Mal von einem Cormus gesprochen, mit dem er zwar den Spross meinte, den er aber nicht nur als bloßen Stängel beschrieb, sondern als ein Organ, das die ganze Pflanze durchzieht:

«Der Stiel (Cormus), ist derjenige Theil der Gewächse, welcher zur Unterstützung des Ganzen dient, und den Blüthenstand, die Blätter, das Laub, die Stützen, Blumen und Früchte trägt. Aus ihm entfalten sich in den meisten Fällen alle diese Theile, aber bey der grossen Mannigfaltigkeit des Gewächsreichs ist es nicht zu verwundern, dass er nach Massgabe seiner Bestimmungen eine ganz verschiedene Form hat, daher unterscheidet man folgende zwölf Arten desselben, nämlich: der Stock (Caudex), der Stamm (Truncus), der Stengel (Caulis), der Halm (Culmus), der Schaft (Scapus), der Strunk (Stipes), der Moosstengel (Surculus), der Schössling (Sarmentum), die Sprosse (Strolo), der Blattstiel (Petiolus), der Blumenstiel (Pedunculus), die Borste (Seta).

Der Stock (Caudex), ist ein einfacher mehrere Jahre dauernder an der Spitze belaubter Stiel, welcher sich nur bey den Palmen und baumartigen Farrenkräutern findet und der keine Rinde hat, sondern von den Ueberbleibseln der Blattstiele bekleidet wird. (...)

Der Stamm (Truncus), ist den Bäumen und Sträuchern eigen und dauert mehrere Jahre. Der Hauptstiel führt bey diesen Gewächsen die angeführte Benennung, dessen Zertheilungen werden Zweige oder Aeste (Rami) und deren weitere Zertheilung Zweigelein (Ramuli) genannt. Der Stamm ist entweder

1) baumartig (arboreus), dieser ist einfach und bildet oben einen Wipfel oder Krone (cacumen) von Aesten. Der ist nur den Bäumen eigen oder

2) strauchartig (fruticosus), der von unten gleich in mehrere Aeste sich theilt, wie bey allen Sträuchern.

Der Stengel (Caulis), ist krautartig, selten holzig, und dauert nur ein oder wenige Jahre, daher er nur den Kräutern zugeeignet wird; jedoch pflegt man auch zuweilen diesen Ausdruck bey Bäumen oder Sträuchern zu gebrauchen. Die fernern Vertheilungen desselben werden auch Zweige oder Aeste (Rami) genannt.»

Zitiert wird hier aus dem «Grundriss der Kräuterkunde», der in fünfter Auflage 1810 gedruckt wurde; das Buch erschien 1792 zum ersten Mal. Goethe hätte es kennen können. In der Nachfolge Willdenows wurde der Begriff des Kormus umgedeutet; man bezeichnete so nicht mehr nur den Spross, sondern die gesamte Dreiheit aus Wurzel, Spross

1 Sägetang und Gabelzunge, zwei große Algen, im Felswatt vor Helgoland

2 Lebendrekonstruktion der fossilen Pflanzengattung Cooksonia, deren Vertreter zu den ältesten bekannten Landpflanzen gehören.

3 In den charakteristisch geformten Blüten der Akelei erkennen einige fünf Vögel, die die Köpfe zusammenneigen und an ihren Flügeln verbunden sind. Die Römer sahen darin fünf Adler und benannten die Pflanze nach Aquila, dem Adler, «Aquilegia».

4 Die Arnika besitzt einen Blütenstand, der insgesamt wie eine einzelne Blüte aussieht, aber aus zahlreichen kleinen Blüten besteht.

5 Blütenbockkäfer in einer Margerite

6 Früchte der Großen Klette besitzen Widerhaken, die im Fell von Tieren hängen bleiben und auf diese Weise verbreitet werden.

7 Kloster Reichenau mit Kräutergarten, gestaltet nach dem mittelalterlichen Vorbild von Walahfrid Strabo

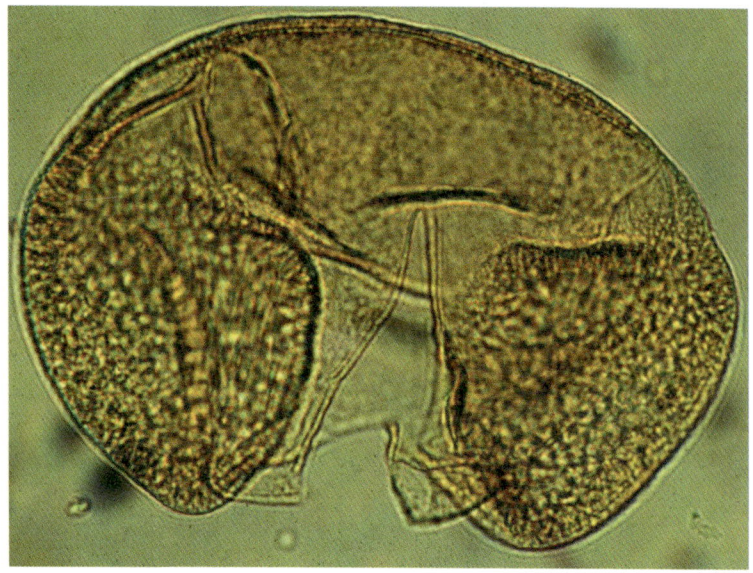

8 Pollenkorn der Fichte

9 Zonobiome der Erde nach Walter und Breckle

Tropischer Regenwald
Tropische Regenzeitenwälder und Savannen
Subtropische Trockengebiete
Sommergrüne (nemorale) Laubwälder
Trockene Steppen und Wüsten im Inneren der Kontinente
Borealer Nadelwald
Tundren und Kältewüsten
Eisschilde und Gletscher
Gebirge

10 Lucas Cranach der Jüngere, Der Weinberg des Herrn, 1569, Epitaph für Paul Eber, Stadtkirche Wittenberg

11 Oberrheinischer Meister, Das Paradiesgärtlein, etwa 1410/20

und Blatt, aus denen sich in einer Metamorphose die Blüten entwickelten. Grundlegend war dies für die ebenfalls schon erwähnte Telomtheorie von Walter Zimmermann, die er beinahe einhundert Jahre nach Goethes Tod 1930 entwickelte. Er ging dabei von den Funden der möglichen ersten Landpflanze Rhynia aus. Der Spross war das entscheidende Organ, aus dem man alle Formen von Blättern entwickeln konnte, vor allem durch die von ihm postulierte Planation, die Ausbildung von Gewebe zwischen zwei Sprossstücken, die zur hypothetischen Bildung eines Blattes führte.

Wichtig an Goethes Theorie ist die Ansicht, dass eine Metamorphose von sowohl übereinander wachsenden Laubblättern als auch von Laubblättern zu Blütenblättern denkbar ist. Ansonsten ist es plausibler, von einer Metamorphose des Sprosses auszugehen, als die Metamorphose mit dem Blatt zu beginnen. Die Wurzel als weiteres Grundorgan der Pflanze lässt sich dagegen nicht durch eine Metamorphose aus Spross oder Blatt erklären.

Es gibt Gemeinsamkeiten und Unterschiede im Aufbau der Grundorgane. Alle enthalten sie Leitbahnen, in denen aus dem Wurzelraum in die Blätter Wasser und Mineralstoffe transportiert werden. In anderen Bahnen werden die Assimilate, die Produkte der Fotosynthese geleitet. Diese Bahnen sind, in Übereinstimmung mit der Darstellung von Willdenow, sowohl in den Sprossen und als auch in den Blättern zu finden. In den Blättern bilden sie die Fortsetzungen der Stängel-Leitbahnen. Anders sind sie in den Wurzeln angeordnet, nämlich nicht in einem Kreis um das Mark herum, sondern im Zentrum. Ein sekundäres Dickenwachstum gibt es im Spross und in der Wurzel, aber nicht im Blatt. Zwar gibt es auch in den Blattadern einzelne verholzte Leitbahnen, aber es kann sich im Blatt kein regelrechtes Holz ausbilden.

Eine mit Wachs überzogene Epidermis gibt es außen im krautigen Spross und auf der Oberfläche der Blätter. In den Wurzeln ist die mit Wachs überzogene Endodermis dagegen im Inneren zu finden; außen an den Wurzeln gibt es keine mit Wachs überzogene Schutzschicht. Die sogenannte Rhizodermis ist ganz dünn; über sie müssen Kontakte zwischen der Wurzel und dem Außenmilieu des Bodens hergestellt werden.

Die Unterschiede im Aufbau der drei Grundorgane der Pflanze zeigen also, dass sie nicht aus sich selbst hergeleitet werden können. Die Blütenblätter zeigen auch Unterschiede zu den Laubblättern. Ihre Plastiden entwickeln sich in andere Richtungen, indem aus Chloroplasten Chromoplasten werden oder diese gleich aus den Proplastiden entstehen. Blütenblätter leisten keine Fotosynthese. Und sie besitzen auch keine Leitbahnen wie die Laubblätter; man erkennt keine Blattadern. Insofern sind sie nicht in allen Punkten aus Laubblättern herleitbar. Wasser und Mineralstoffe werden in ihnen durch die Zellwände geleitet. Die Blüten entfalten sich durch das Streckungswachstum infolge des Einströmens von Wasser in die Vakuolen; zugleich werden auch bei Blüten die Wände durch den Aufbau von Zellulose stabilisiert. Die Blüten welken, wenn kein Wasser mehr in die Zellen der Blütenblätter einströmt oder sogar die Wasser- und Mineralstoffversorgung durch das Abfallen der Blütenblätter völlig unterbunden wird. Die einzelnen Teile der Pflanze können daher nur als Idee auseinander hergeleitet werden. Aber es ist fraglich, ob diese Idee hilfreich ist. Denn zu verschieden sind Wurzel, Spross und Blatt, obwohl sie Komponenten enthalten, die allgemein in der gesamten Pflanze zu finden sind.

Es gibt viele grundsätzlich richtige Wahrheiten zu Pflanzen. Man kann sie voneinander unterscheiden, indem man ihre Blüten betrachtet. Doch auch die Blüten sind nicht zielgerichtet entstanden, sie stehen in einer permanenten Entwicklung, und es fällt immer wieder auf, dass in den Beschreibungen der Gewächse Ausdrücke wie «etwa», «meist» oder «mehr oder weniger» nicht zu umgehen sind. Pflanzen sind mehr oder weniger groß, sie blühen meist, aber nicht immer in einer bestimmten Farbe, sie haben in vielen Fällen nicht immer die gleiche Anzahl an Blütenblättern, sie blühen mal früher, mal später. Das Seltsame ist, dass man sich besonders exakt und korrekt ausdrückt, wenn man viele Eigenheiten der Pflanzen nur vage beschreibt. Alle, die die Dinge ganz genau wissen wollen, werden in der Biologie nie

Urpflanze und Kormus

exakte Beschreibungen zu hören und zu lesen bekommen. Immer wieder gleich können die molekularen Grundlagen sein. Wie sie sich ausprägen, kann hingegen unterschiedlich sein. Das macht die Biologie zu einer sehr schwierigen Wissenschaft. Sie ist schwerer zu erfassen als die Grundlagen der Physik und Mathematik – da mag man noch so sehr widersprechen: Das ist eine Wahrheit, ohne die man keine Biologie betreiben kann.

12

Blüten und Pollenkörner

Nun erst kann von Blüten die Rede sein. In einer Darstellung der Pflanzen ist dies eines der schwierigsten Kapitel. Das liegt nicht an der Vielfalt der Blüten, erst recht nicht an ihrer zweifelsohne überwältigenden Schönheit – es gibt herrliche Formen, Farben und Düfte, ausgesprochen schön sind auch Pollenkörner (siehe Tafel 8), Samen und Früchte. Alles das berührt Fragen der Ästhetik, wobei es guttut, sich daran zu erinnern, dass Ästhetik Wahrnehmung bedeutet und nicht immer nur Schönheit. Wenn der Anblick einer Blüte schön ist, ist das nicht gleichbedeutend mit ästhetisch. Aber es gibt keine hässlichen Blüten, eine Blume ist immer schön, zumindest lässt sich Schönheit in ihr entdecken. Insofern ist es ein Pleonasmus, von einer «schönen Blume» oder einer «schönen Blüte» zu sprechen; ein Schimmel ist immer weiß, eine Blüte immer schön, und eine «hässliche Blume» gibt es nicht. Problematisch wird es aber, wenn wir uns gewissermaßen in die Lage von Blüten versetzen würden und behaupteten, dass sie mit besonders schönen Farben und betörenden Düften Insekten und Vögel anlockten, damit sie bestäubt werden. Die Tiere müssen die Blüten wahrnehmen, weil sie an ihnen mit Nahrung versorgt werden. Aber die Blüte ist nicht dazu da, Nektar für Schmetterlinge zu produzieren. Und sie macht dies nicht mit der Absicht, vom Insekt bestäubt zu werden. Gerade in der Darstellung der Koevolution von Blumen und Insekten, zu deren gewissermaßen kongruenter Entwicklung, hat sich ein sprachliches Unvermögen, Vorgänge richtig zu beschreiben, herausgebildet, das völlig in die Irre leitet.

Immer wieder wird das falsch beschrieben, in Texten wie ganz besonders in Filmen, die uns die Wunder dieser Erde nahebringen möchten. Ein Beispiel:

«Eine Biene fliegt bei schönem Wetter in einen Garten und findet schöne Blumen. Sie sind ultraviolett gefärbt, damit sie die Biene gut erkennen kann. Die Blüten haben nun besondere Mechanismen entwickelt, damit das Insekt es nicht zu einfach hat, um einen Nektartropfen zu finden. Denn dabei bewegt die Biene ihren pelzigen Hinterleib durch die Blüte, damit er mit den Staubblättern in Berührung kommt. An den Pollenkörnern befinden sich, wenn sie von Insekten bestäubt werden, häufig Borsten oder kleine Stacheln, damit sie in den Haaren der Bienen hängen bleiben. Gestärkt vom Nektartropfen, mit dem die Biene schließlich belohnt wird, fliegt sie zu einer anderen Blüte und streift den Blütenstaub am Stempel ab, damit ein Pollenkorn zur Eizelle des Fruchtknotens gelangt und es zur Befruchtung kommen kann. Aus der befruchteten Eizelle entwickelt sich eine Frucht, damit sich die Pflanze ausbreitet. Rote Früchte ziehen besonders viele Vögel an, die die Früchte fressen. Das ist wichtig, damit die Vögel Nahrung bekommen. Und sie scheiden den Samen mitsamt einer Packung an Stickstoff und Phosphor enthaltenden Substanzen wieder aus, von der der Same bei der Keimung umgeben ist, damit er sie zum Wachstum nutzen kann. So entsteht daraus eine neue junge Pflanze. Diese Entwicklungen zeigen, wie hervorragend sich die Pflanzen, die Bienen und die Vögel aneinander angepasst haben, so dass es zu einer perfekten Koevolution kommen konnte.»

Dieser Text beschreibt zweifelsohne Vorgänge, die staunen machen, als Wunder gelten können. Aber jegliche Finalität muss aus dem Text herausgenommen werden, gewiss jeder Nebensatz, der mit dem Wort «damit» beginnt. Kein Lebewesen passt sich aktiv an. Und es ist auch nicht so gestaltet, weil es eine bestimmte «Angepasstheit» zeigt. In der Biologiedidaktik wird dieses Wort ersatzweise verwendet, um Ergebnisse von Evolution darzustellen. Aber es ist genauso falsch, weil es von einem erfolgreich erreichten Zustand ausgeht, den es ebenso wenig gibt wie das aktive Sich-Anpassen. Die Willenlosigkeit der

Blüten und Pollenkörner

Pflanze – sie ist es, die man darstellen muss, um sich der Wahrheit von Resultaten der Evolutionsvorgänge anzunähern.

Das Miteinander von Blüten, Insekten und Vögeln muss anders beschrieben werden, etwa so wie auf den folgenden Seiten.

Die Knospe wird von den Kelchblättern eingehüllt. Die Zellen der Blütenblätter teilen sich, wenn sie von den Kelchblättern umhüllt sind. Die sehr zarten Zellwände sind somit vor Zerstörung von außen geschützt. Dann beginnt ihr Streckungswachstum, Zellulose wird in die Zellwände eingebaut, und die Blüten brechen aus der Knospenumhüllung hervor. Die Blüten wachsen auch dann noch weiter, wenn sie sich bei Regen und Dunkelheit schließen (dann strecken sich ihre äußeren Zellen, so dass die Blütenblätter zusammenneigen) und bei Trockenheit und Sonnenschein öffnen (dann dehnen sie ihre inneren Zellen stärker in die Länge, so dass sich die Blüten ausbreiten). Die Blütenblätter, die man auch Blütenkronblätter nennt, umgeben Staubblätter und Fruchtknoten mit dem Stempel. In den Staubblättern findet die Reduktionsteilung der männlichen Blütenorgane statt. An ihnen teilen sich dann Zellen mit nur einem Chromosomensatz, und es bildet sich der Blütenstaub. Der Blütenstaub oder der Pollen ist die Gesamtheit der haploiden Pollenkörner.

Pollenkörner sind nur Bruchteile von Millimetern groß. Ihre Schönheit erschließt sich, wenn man sie durch ein Mikroskop betrachtet. Einige von ihnen haben Poren, andere schlitzförmige Öffnungen, manche auch beides; durch die Öffnungen wächst der Pollenschlauch hervor, in dem das männliche Erbmaterial auf die weiblichen Blütenteile übertragen wird. Verschiedene Pflanzen haben unterschiedliche Pollenkörner, die man bestimmen kann: nach Pflanzenarten, -gattungen oder -familien. Sie haben nicht nur unterschiedliche Zahlen an Poren und Schlitzen, sondern auch charakteristische Oberflächen aus Netzmustern, Borsten, kleinen Stacheln, Punkten oder Streifen.

Auch im Fruchtknoten bilden sich haploide Zellen, die Eizellen. Die Pollenkörner werden in einer einzelnen Blüte entweder vor den Eizellen reif, dann ist die Pflanze proterandrisch, «zuerst männlich». Oder die Eizellen reifen vor den Staubblättern, dann wird die Pflanze als proterogyn oder «zuerst weiblich» bezeichnet. Auf diese Weise können die Pollenkörner in der Regel nicht die Eizellen der gleichen Pflanze befruchten; die männlichen haploiden Zellen sind nämlich zu einer anderen Zeit reif als die weiblichen haploiden Zellen der identischen Pflanze. Allerdings öffnen sich die Blüten einer Pflanzenart nicht zum gleichen Zeitpunkt, sondern blühen immer an unterschiedlichen Tagen auf, und sie stehen auch meist für eine längere Zeit offen. Dann sind männliche und weibliche Blütenteile benachbarter, aber nicht identischer Gewächse zugleich reif, und es kommt zu einem genetischen Austausch, wenn Pollenkörner des einen Individuums zum Stempel des Fruchtknotens eines anderen Individuums der gleichen Pflanzenart gelangen.

Mit ganz wenigen Ausnahmen, wenn nämlich beispielsweise Kolibris die Pollenkörner von Pflanze zu Pflanze tragen, gibt es zwei Wege, auf denen der Blütenstaub vom Staubblatt zum Stempel des Fruchtknotens kommt. Entweder Insekten transportieren die Pollenkörner, oder sie werden vom Wind verweht. Die Farbe und der Duft von Blüten werden von Insekten wahrgenommen. Ob wir tatsächlich von einer «Verlockung» der Insekten als Blütenbesucher sprechen dürfen, ist nicht klar. Die Blüten müssen ihnen auffallen, aber ob wir den Insekten menschliche Verhaltensweisen gewissermaßen unterschieben dürfen, wissen wir nicht. Ihre Komplexaugen sind für ultraviolettes Licht empfindlich, und viele Blüten, die wir Menschen als weiß sehen, erscheinen dem Insektenauge als violett oder ultraviolett. Blaue und gelbe Farbtöne werden ebenso gut vom Insektenauge wahrgenommen, weniger gut rote Farbtöne; diese werden dagegen von Vögeln besonders gut gesehen, Kolibriblumen wie die Fuchsie sind tatsächlich rot. Honigbienen fliegen mehrere Blüten nacheinander an, die an Individuen der gleichen Art erscheinen. Auf einigen Blüten sind die Pollenkörner reif, an anderen die Stempel der Fruchtknoten empfangsbereit. So müssen nur wenige Pollenkörner ausgebildet werden, die dann auch direkt zu Blüten gelangen, an denen die weiblichen Eizellen reif sind. Aber die Wahrscheinlichkeit dafür, dass die Pollenkörner auf dem Stempel der gleichen Blüte landen, ist gering.

Blüten und Pollenkörner

Pollenkörner, die an Insektenblüten heranreifen, die also von ento-mogamen Pflanzen stammen, besitzen eine Oberfläche aus Stacheln oder Netzen, die im Insektenkörper hängen bleiben. «Insekt» bedeu-tet – als Ausdruck aus der lateinischen Sprache – übrigens das Gleiche wie «entomos» auf Griechisch; beide Bezeichnungen nehmen in den jeweiligen Sprachen auf den dreigeteilten, tief eingeschnittenen Kör-perbau der Insekten Bezug. Die beiden Einschnitte zwischen Kopf, Brust und Hinterleib lassen sich am Bienenkörper gut erkennen; noch besser sichtbar und als sprachliche Metapher bekannt ist die «Wespen-taille».

In Insektenblüten ist häufig ein Nektartropfen vorhanden, von dem sich Insekten ernähren. Er befindet sich bei vielen Blüten nicht an der Oberfläche, sondern beispielsweise in einem langen Sporn, der nur mit einer besonderen Zunge zu erreichen ist. Das Insekt hält sich eine ganze Weile in der Blüte auf und bewegt sich dort, bis der Nektar-tropfen gefunden und aufgenommen ist. In dieser Zeit wird der Blü-tenstaub am Fruchtknoten abgestreift. Viele Blüten werden nur von wenigen Insektenarten besucht. Aber es gibt auch andere Fälle.

Die Westliche Honigbiene, die hierzulande als Haustier vom Imker gehalten wird, kann nur bei Temperaturen von über etwa sieben bis zehn Grad Celsius fliegen; bei niedrigeren Temperaturen verfallen die Tiere in Kältestarre. Andere Arten von Bienen, die Wildbienen, und Hummeln fliegen bereits bei niedrigeren Temperaturen und bestäuben Blüten, wenn dies durch die Honigbiene noch nicht möglich ist. Des-halb ist es unbedingt notwendig, Wildbienen besonders zu schützen.

Es gibt außerdem windblütige oder anemogame Pflanzen; «ane-mos» ist der Wind. Diese Gewächse haben weniger auffällige Blüten. Zu ihnen gehören die meisten einheimischen Gehölzpflanzen, Gräser und andere grasartige Gewächse, die man in vielen Pflanzenfamilien findet, etwa Wegerich, einige Arten von Ampfer, Seggen und Wie-senknopf. Die Stängel und Blüten dieser Pflanzen werden im Wind bewegt, und sie produzieren sehr viel mehr Pollenkörner als ento-mogame Gewächse. Bei einigen Pflanzen kann man ganze Wolken von Pollenkörnern erkennen, die dann, wenn die Blüten um die Mittagszeit trocken sind, von einer Windböe angestoßen im gleichen Moment über die Pflanzen steigen und dann verweht werden: Man sieht das immer wieder bei Fichten und auch bei einem Feld mit blühendem Roggen. Viele Menschen zeigen allergische Reaktionen auf den massenhaft in der Umgebung vorhandenen Pollen von Birken, Erlen, Wegerich oder Gräsern. Sie leiden an Heuschnupfen, den man so nennt, weil er zur Zeit der Heuernte besonders verbreitet ist.

Die Wahrscheinlichkeit dafür, dass ein Pollenkorn vom Wind direkt auf die weiblichen Blütenteile einer gleichartigen Pflanze geweht wird, ist trotz der großen Masse an gebildeten Pollenkörnern sehr viel geringer als beim Transport von Pollenkörnern durch Insekten, die mehrere Pflanzen der gleichen Art hintereinander bestäuben.

Allzu genau lassen sich entomogame nicht von anemogamen Pflanzenarten unterscheiden. Denn die Blüten der einen Pflanzenart werden nicht ausschließlich vom Wind bestäubt, die Blüten der anderen Art aber nicht nur von Insekten. Pollenkörner vom Ahorn, der Salweide oder der Linde werden sowohl vom Wind als auch von Insekten transportiert. Sie bringen weniger Pollenkörner als die Birke oder die Hainbuche hervor, aber mehr als Esskastanie oder Rosskastanie, die ganz überwiegend von Insekten bestäubt werden. Einzelne Pollenkörner dieser Pflanzen fliegen auch in den Windströmungen von Ort zu Ort, und eine Biene fliegt auch mal an einem Haselkätzchen entlang und streift dort Pollen ab, der sonst meistens vom Wind verbreitet wird.

Die Vielfalt der Blüten ist enorm, genauso die Vielfalt der Insekten, die sie bestäuben. Viele Blüten, etwa vom Hahnenfuß oder der Rose, sind weit ausgebreitet und radiärsymmetrisch, das heißt, sie haben mehrere oder sogar viele Symmetrieachsen. Die Zahl der Blütenblätter beim Hahnenfuß und seinen Verwandten wie Scharbockskraut oder Buschwindröschen ist nicht genau festgelegt. Die Rose hat meistens fünf Blütenblätter, allerdings können viel mehr Blütenblätter vorhanden sein, wenn sich anstelle von Staubblättern weitere Blütenblätter bilden. Diese Metamorphose, die auch Goethe bekannt war, ist bei Rosenblüten möglich, und der Rosenzüchter schätzt sie besonders: Auf diese Weise erblüht nämlich die Rosa centifolia, zu Deutsch die hundertblättrige Rose, die man auch als Gewächs mit «gefüllten Blüten» schätzt. Bei anderen radiärsymmetrischen Blüten ist die Zahl der Blütenblätter immer gleich: Ein Kreuzblütler wie die Kresse oder das Wiesenschaumkraut hat immer vier Blütenblätter. Lilien und ihre Verwandten haben keine Kelchblätter, sondern zwei Kreise von je drei Perigonblättern, so dass sechs fast identische Blütenkronblätter in der Lilienblüte zu erkennen sind.

Andere Blüten haben nur eine Symmetrieachse. Diese Blüten werden «zygomorph» oder «dorsiventral» genannt. Man findet sie bei Gewächsen, die nach ihrer Blütenform «Lippenblütler» genannt werden. Zu ihnen gehören beispielsweise die sehr verschieden gefärbten Taubnesseln und der Salbei. Typische zygomorphe Blüten findet man auch beim Eisenhut, der mit dem Hahnenfuß eng verwandt ist; das verraten die Blätter, aber nicht die Blütenformen, die bei beiden Gewächsen völlig unterschiedlich sind. Auch die Orchideen tragen zygomorphe Blüten. Die Blütenblätter zygomorpher Blüten sehen sehr verschieden aus; die Orchideen haben ebenso wie die entfernt verwandten Lilien sechs Blütenblätter, zu drei Paaren angeordnet.

Es gibt Blüten, bei denen alle Blütenblätter miteinander verwachsen sind. Man kann sie gemeinsam abzupfen. Bei anderen Gewächsen sind sie voneinander getrennt. Die Vogelmiere scheint bei flüchtigem Hinsehen zehn Blütenblätter zu haben, doch sind es in Wirklichkeit nur fünf, und jedes von ihnen ist tief in zwei Hälften geteilt.

Einige Blüten sind immer in lockeren Blütenständen vereinigt, nach Art der Doldenblütler, die von Insekten bestäubt werden, während diese von Blüte zu Blüte krabbeln. Zu diesen Insekten gehören die sehr schönen Bockkäfer (siehe Tafel 5) und auch viele Schmetterlinge. Fest nebeneinander sitzen die vielen Blüten eines Korbblütlers, der seinen Namen erhielt, weil man einen ganzen Blütenkorb mit zahlreichen Einzelblütchen sehen kann. Genauso gut kann man allerdings den Eindruck erhalten, dass viele Blüten eine einzige Blüte bilden. Bei der Sonnenblume, der Arnika (siehe Tafel 4) und dem kleinen Gänseblümchen besteht sowohl die «Blume» als auch das «Blümchen» aus mehr als einhundert Blüten. Sie stehen als Scheibenblüten in der Mitte und als Strahlen- oder Zungenblüten außen. Wenn man sich die Blütenstände nicht genau ansieht, scheinen die gelben Scheibenblüten Staubblätter zu sein, die zahlreichen Strahlenblüten am Rand sehen dagegen wie Blütenblätter einer Riesenblüte aus. Es gibt auch Korbblütler, die nur Zungenblüten haben, aber auch diese in sehr großer Zahl: Löwenzahn, Huflattich oder Wiesen-Bocksbart. Auf den Blütenköpfen haben zahlreiche Insekten Platz, die die Pflanzen bestäuben.

Die Koevolution der Samenpflanzen und Insekten ist ein faszinierendes Phänomen. Beide Gruppen von Lebewesen entwickelten sich fast ausschließlich an Land. Wie mag diese Koevolution zustande gekommen sein?

Um sich einer Antwort zu nähern, muss man sich in Erinnerung rufen, wie Evolutionsfaktoren zusammenwirken. Zunächst einmal kommt es immer wieder zu Mutationen des Erbgutes. Sie entstehen zufällig; die Mutationsrate wird allerdings durch Strahlung erhöht, etwa durch radioaktive oder ultraviolette Strahlung. Viele Mutationen führen sofort zum Absterben des davon betroffenen Organismus. Andere senken oder steigern dessen Vitalität. Ob eine Mutation eine «günstige» Eigenschaft evoziert, lässt sich nicht so eindeutig sagen, wie man sich das in der Lehre des Darwinismus vorgestellt hat. Es ist keineswegs unter allen Umständen festgelegt, wer der «stärkere» Organismus ist, sondern das ergibt sich im Ökosystem. Es ist wichtig, dass durch Mutationen und unterschiedliche Rekombinationen des genetischen Materials beim Cross-Over in der Zygote eine möglichst große Vielfalt an Individuen entsteht, die unter verschiedenen Umweltbedingungen zum Teil besser, zum Teil schlechter überleben können. Bei der Zygoten-Bildung ist keineswegs klar, ob es beispielsweise danach warme oder kühle Witterung, Trockenheit oder große Feuchtigkeit geben wird. Unter jeweils unterschiedlichen Bedingungen entwickeln sich einige Individuen besser als andere.

Evolution spielt sich aber nicht nur auf der molekularen Ebene des genetischen Materials ab. Es kann zur Selektion von Individuen kommen, die sich im jeweiligen Ökosystem weniger gut entwickeln

Blüten und Pollenkörner

als andere. Wie wir bereits gesehen haben, kann die Selektion dazu führen, dass vor allem eine stabilisierende, gerichtete oder disruptive Evolution eintritt. Es ist durchaus möglich, dass sich die Selektionsbedingungen in mehreren Ökosystemen, in denen sie zugleich ablaufen, voneinander unterscheiden: In dem einen Ökosystem spielt sich eine stabilisierende, in einem anderen eine gerichtete Evolution ab. Außerdem werden Populationen voneinander isoliert; vorstellbar ist das unter anderem als eine geographische oder räumliche Trennung auf Inseln, die aus einem zusammenhängenden Landstück hervorgehen.

Über sehr lange Zeiträume entwickelt sich nun diejenige Gruppe von Pflanzen am besten, die beispielsweise von Bienen am erfolgreichsten bestäubt wird. Und jene Individuen von Bienen, die sich am besten und erfolgreichsten ernähren können, haben ebenfalls einen Überlebensvorteil. Dabei kommt es keineswegs zur Anpassung der individuellen Organismen, denn diese müsste aktiv ausgelöst sein. Aber auch eine Angepasstheit spielt sich nicht ab. Vielmehr verhält es sich immer aufs Neue so, dass einzelne Individuen, die nach genetischen Veränderungen entstanden sind, anderen unter den gegebenen ökologischen Bedingungen überlegen sind. Die ökologischen Bedingungen sind die jeweiligen Beziehungen zwischen den Individuen der Lebewesen und deren unbelebter und belebter Umwelt. Der Eindruck einer Adaptation entsteht nur scheinbar und bei oberflächlicher Betrachtung, denn es ändern sich nicht einzelne Individuen, sondern es leben immer wieder andere Individuen mit anderen Eigenschaften am selben Ort.

Auf jeden Fall ist es nicht möglich, Evolution in dürren Worten zu beschreiben. Wir müssen festhalten: In den Ökosystemen lebten immer wieder andere Individuen, die auf der Grundlage molekulargenetischer Konstitutionen entstanden waren. Unter ihnen gab es immer wieder einzelne, die einen besonderen Selektions- oder Evolutionsvorteil besaßen. Ihnen gelang es am besten, unter den gegebenen ökologischen Bedingungen zu leben. Dies bedeutet, dass sie alle Stoffe, die sie aufnehmen müssen, am erfolgreichsten aufnehmen, chemisch umwandeln und so am besten wachsen können. Bei den Pflanzen betrifft das immer wieder die Aufnahme von Wasser und Mineralstoffen sowie die Möglichkeiten der Regulation der Wasserabgabe – Pflanzen, die dabei Vorteile haben, sind auch bei den Zellteilungen, dem Streckungswachstum, der Zelldifferenzierung und schließlich bei der Vermehrung und Ausbreitung erfolgreicher als anderen Individuen. Bei Tieren nehmen einige Individuen vor allem pflanzliche Nahrung effizienter auf und bauen die organischen Substanzen mit einem höheren Erfolgsgrad in ihre eigenen Körper ein, so dass auch sie schneller und besser wachsen, sich vermehren können. Diese Vorgänge werden im Präsens beschrieben, um klarzumachen, dass sie tausendfach wiederholt ablaufen, jedes Jahr, mit jedem Individuum, das von seinen Nachfahren ersetzt wird. Die Vorgänge liefen in der Vergangenheit ab, und auch die Zukunft wird durch sie geprägt sein. Nichts bleibt so wie im Moment, alles verändert sich.

So überaus unwahrscheinlich, wie sie nun einmal ist, ist die koevolutive Entwicklung von Orchideenblüten und Insekten dennoch wie die vielen unwahrscheinlichen Prozesse eingetreten, die die Entwicklung des Lebens auf der Erde betrafen, ohne dass die Pflanzen oder die Tiere einen «Willen» eingesetzt hätten. Sie waren in allem willenlos. Man kann das bezweifeln und lieber an ein Wunder glauben. Jegliche Form eines Kreationismus oder der «Konstruktion» von Lebewesen scheidet als Ursache für die Evolution hingegen aus: Dafür gibt es in einem naturwissenschaftlichen Kontext keinerlei Belege. Vor allem aus botanischer Sicht muss man erhebliche Bedenken gegen eine Einbindung biblischer Berichte in die Naturwissenschaften haben. Es kann niemals naturwissenschaftlich realistisch sein, nur einen halben Schöpfungstag für die Entstehung der Pflanzen zu reservieren, aber mehrere Tage für die Tiere. 99,5 Prozent aller Lebewesen sollen in einem halben Tag entstanden sein, 0,5 Prozent aber in zwei Tagen, dazu noch diejenigen, die gar nicht ohne die anderen leben können? Man kann an die Bibel glauben und ihre Erzählungen schätzen, aber Grundlage für die Naturwissenschaften sind daraus in keiner Weise direkt abzuleiten.

13

Samen und Früchte

Wenn die Eizelle befruchtet ist, entsteht eine diploide Zygote, und die wird zum Embryo: Der Same wächst heran. Die Blütenblätter welken, die Blüte verschwindet, ihre Einzelteile fallen zu Boden.

Nicht nur der Same entsteht, sondern auch die Frucht, die ihn umgibt. Die Frucht enthält Nährgewebe, oft auch eine mehr oder weniger stabile Samenschale. Samen, Samenschale und Nährgewebe, auch die ganzen Früchte können sehr vielgestaltig sein. Man kann sie nach Gruppen einteilen, und oft bedeuten die Begriffe der Alltagssprache nicht das Gleiche wie in der Fachsprache. Eine Beere beispielsweise ist eine Frucht, die aus einem Fruchtknoten hervorgeht und mehrere Samen enthält. Die Samen sind von Fruchtfleisch umgeben, das bei der Reife saftig, fleischig oder weich wird. Eine typische Beere ist die Johannisbeere, aber Beeren sind auch die Früchte von Tomaten, Gurken und Bananen, die wir nicht unbedingt so nennen würden. Keine Beeren aber wachsen an der Erdbeerpflanze heran. Bei ihr sitzen zahlreiche kleine harte Nüsschen auf einem Blütenboden, der sich aufwölbt und fleischig wird. Die Kirsche hat keinen Kern, sondern einen Stein, und die Frucht besteht aus der harten Samenschale und dem Fruchtfleisch. Man kann bei allen Verbreitungseinheiten von Pflanzen den Begriff Diaspore verwenden. Damit macht man nichts falsch, beachtet aber eine Vielfalt an biologischen Möglichkeiten der Ausbreitung und ebenso der Kulturgeschichte nicht. In ihr mussten die Menschen lernen, wie man jede einzelne Pflanze auf eine Weise großzieht, die es erlaubt, ihre Samen zu ernten, bei der sie also wachsen und trocknen und man sie ernten kann.

Die Vielfalt der Samen kann man mit einer Lupe bei zehn- bis zwanzigfacher Vergrößerung betrachten, man benötigt dazu das Mikroskop nicht. Aber man sollte die Lupe verwenden, wenn man ein weiteres Kaleidoskop von Schönheit bei Pflanzen erkennen will. Mohnsamen sind annähernd nierenförmig und von meistens fünfeckigen zarten Netzmaschen überzogen. Diese Netzmaschen sind bei manchen Arten in Reihen angeordnet, bei anderen unregelmäßig. Nierenförmig sind ebenso die Samen von Nelkengewächsen; auch bei ihnen lassen sich Netzmaschen erkennen, die allerdings eher sechseckig sind. In ihrer Mitte kann ein spitzer Stachel hervorragen oder ein stumpfer Buckel, auf dem je nach Pflanzenart wieder Mikrostacheln zu sehen sind. Besonders bei etwas stärkerer Vergrößerung erkennt man dies bei Samen der Vogelmiere. Das Senfkorn ist fast rund, auf seiner Oberfläche gibt es feine Grübchen, die sich je nach Art ein wenig unterscheiden.

Interessantes lässt sich am Getreidekorn erkennen. Der Keimling befindet sich in einer seicht eingesenkten Keimlingsgrube an der Seite des Korns, die man als Rücken bezeichnet. Am Keimling sind Spross- und Wurzelpol zu sehen, die bei der Keimung des Korns austreiben werden. Die große Masse des Korns besteht aus einem Stärkespeicher, der unter anderem von der Aleuronschicht umgeben ist. In dieser Schicht sind Eiweißverbindungen oder Enzyme enthalten, unter deren Einfluss die Stärke des Korns für die Pflanze nutzbar gemacht wird.

Die Aleuronschicht wird übrigens bei der Herstellung von feinem, weißem Mehl, das nur aus der Stärke des Korns besteht, vom Korn abgetrennt. Man stellt daraus Kleie her, die zum Beispiel als Viehfutter dient. Beim Mahlen von Vollkornmehl wird die biologisch wertvolle Aleuronschicht nicht abgetrennt, sondern gelangt ins dann etwas dunkler gefärbte Mehl. Vollkornmehl ist ernährungsphysiologisch erheblich wertvoller, weil es nicht nur stärkehaltiges Mehl, sondern auch die mannigfachen Enzyme und weitere Stoffe enthält, die der Mensch mit dem Brot aufnehmen sollte.

Aber zurück zum Getreidekorn: An seiner anderen Seite erkennt man eine Bauchfurche, die das gesamte Korn überzieht. Der Farbe und der Morphologie des Korns lässt sich entnehmen, von welcher Getreideart es stammt. Weizenkörner haben einen hohen Rücken und eine tief eingeschnittene Bauchfurche. Einzelne Weizenarten haben schmalere oder breitere Körner, sind durchweg oval oder beinahe kantig. Gerstenkörner erkennt man an einer nur seicht eingeschnittene Bauchfurche, Haferkörner sind besonders länglich, Roggenkörner erinnern an Weizenkörner, sind aber auf der vom Keimling abgewandten Seite stumpf, so dass sie fast wie abgeschnitten wirken. Bei den Körnern oder Karyopsen von Wildgräsern sind ähnliche Formen zu erkennen, etwa bei Trespen-, Lolch- oder Schwingelarten. Früchte von Rispengräsern sind winzig, von einem Muster rundlicher oder länglicher Zellen bedeckt.

Fällt der Same zu Boden, kann er keimen, also zu einer neuen Pflanze auswachsen. Dabei steht ihm das Nährgewebe zur Verfügung. Der Same kann keine Fotosynthese betreiben. Stattdessen nutzt er Nährstoffe aus der Frucht, um zu wachsen. Diese Stoffe können einfache Zucker sein oder Stärke. Im Nährgewebe ist bei einigen Pflanzenarten auch besonders viel Eiweiß enthalten, aus dem Enzyme aufgebaut werden. Sie begünstigen rasch und effizient eine Umwandlung von Substanzen, die der Keimling zum Wachstum braucht. Es kann auch Fett oder Öl im Nährgewebe gespeichert sein. Daraus werden durch eine Gluconeogenese, wörtlich übersetzt «Zuckerneubildung», die Bausteine der Zellwand in der Jungpflanze hergestellt, so dass sich deren Zellen strecken können und die Jungpflanze wächst.

Zunächst werden die Nährstoffe aber zur Bildung eines Würzelchens genutzt. Die Wurzel dringt in den Boden ein und mobilisiert Mineralstoffe, unter denen vor allem Phosphat, Kalium und Magnesium sowie Wasser zu nennen sind, aber auch Stickstoffverbindungen. Erst wenn diese Stoffe in zunehmender Menge zur Verfügung stehen, können Samenschalen endgültig platzen, und die Keimblätter, die im Samen bereits vorgebildet sind, erheben sich über die Erdoberfläche. Im Prinzip ähnlich verläuft die Entwicklung beim Getreidekorn. Der

Keimling wächst in beide Richtungen: Zuerst treibt er den Wurzelpol nach unten, dann den Sprosspol nach oben. Ein Blatt wird in die Höhe geschoben. Das ist das sogenannte eine Keimblatt, das aber nicht wie die Keimblätter der Zweikeimblättrigen Pflanzen anschließend vom Stängel abfällt, sondern einfach das erste Blatt (und damit eigentlich kein Keimblatt) ist, das die Getreidepflanze wie jedes andere Gras an die Erdoberfläche schiebt. Wird es von der Sonne getroffen, wandeln sich die Proplastiden im Blatt sofort zu Chloroplasten um. Dazu wird Magnesium aus dem Boden gebraucht, denn in den Chloroplasten bildet sich Chlorophyll, in dessen Zentrum ein Magnesium-Ion sitzt. Das zunächst farblose Blättchen ergrünt, und die Primärproduktion von Zuckerverbindungen beginnt.

Schwere Früchte, beispielsweise Haselnüsse, Eicheln oder Bucheckern, fallen direkt vom Baum oder Busch zu Boden und können dort keimen. Das ist ein Grund dafür, warum Bäume in der Regel nicht einzeln stehen bleiben, sondern sich dichte Wälder entwickeln, in denen einige Jahrzehnte nach der ersten Ansiedlung eines Baumes die Gehölzpflanzen eng gedrängt nebeneinanderstehen. Besondere Bedeutung bekommen die unter die Bäume gefallenen Früchte, wenn der Baum abstirbt, von dem sie abstammen. Nach seinem Zusammenbrechen finden die aus den Früchten hervorgekommenen Bäumchen Platz zum Wachstum, mit der Folge, dass ein Bestand von Eichen auch dann ein Eichenwald bleibt, wenn alte Bäume aus einer früheren Eichengeneration nicht mehr vorhanden sind.

Die Früchte des Springkrauts schwellen im Lauf der Zeit immer stärker an. Und auch die Samen in ihrem Inneren wachsen. Schließlich stehen die trocken gewordenen Fruchtwände derart unter Spannung, dass sie der Länge nach aufreißen und sich plötzlich einrollen. Dabei entwickeln sie eine derart explosive Kraft, dass die Samen, obwohl sie gar nicht einmal sehr klein und leicht sind, in die Umgebung geschleudert werden. Man kann nachhelfen und die Früchte zusammenpressen, so dass sie zwischen den Fingern gewissermaßen explodieren – ein beliebtes Kinderspiel im Sommer.

Auf ähnliche Weise verbreiten sich die Samen von Schmetterlingsblütlern. Sie besitzen Hülsenfrüchte, die aus zwei Fruchtblättern bestehen, den sogenannten Palen. Die Palen sind durch natürliche Nähte miteinander verbunden. Bei wildwachsenden Schmetterlingsblütlern, etwa Wicken, kann man beobachten, dass die Nähte zwischen den Palen spontan aufplatzen, wenn sowohl die Hülsenfrucht als auch die darin befindlichen Samen reif und trocken sind. Die Palen rollen sich schraubenförmig auf, wenn sie platzen, und schleudern die Samen in die Umgebung, manchmal sogar ein paar Meter weit. Bei kultivierten Erbsen und Linsen halten die Nähte der Palen fester zusammen. Die Hülsenfrüchte bleiben auch dann noch insgesamt erhalten, wenn die Samen reif sind. Auf diese Art und Weise ist sichergestellt, dass man alle reifen Samen aus den Hülsen hervorholen kann und diese nicht spontan beim Platzen der Palen ausgestreut werden. Man muss allerdings die Hülsen öffnen oder palen und die Nähte aufdrücken, damit die einzelnen Erbsen beziehungsweise Linsen zum Vorschein kommen.

Kreuzblütler haben ähnliche Früchte. Dabei handelt es sich um längliche Schoten oder rundliche Schötchen. Sie besitzen lediglich ein einziges Fruchtblatt, das nur mit einer Naht zusammengehalten wird. Auch diese kann platzen und die Samen in die Umgebung ausstreuen; das lässt sich zum Beispiel bei der Knoblauchsrauke beobachten. Aber es ist nur das eine Fruchtblatt, das sich zusammenrollt – im Unterschied zu den zwei Fruchtblättern bei den Schmetterlingsblütlern.

Andere Samen und Früchte werden vom Wind verweht. Sie sind anemochor. Birkensamen gleiten, von Flügeln getragen, die zur Frucht gehören, weit mit dem Wind. Birken sind oft die ersten Bäume, die sich auf einem offenen Gelände ansiedeln, selbst auf Schuttflächen. Nach dem Zweiten Weltkrieg bezeichnete man Birken als Trümmerbäume, weil sie rasch auf zerstörten Innenstadtflächen in die Höhe kamen. Auch die Früchte von Espen und anderen Pappeln, ebenfalls diejenigen von Weidenbüschen und -bäumen fliegen in großen Mengen von den Fruchtständen herab. Dann kann es zur raschen Ausbreitung von Zitterpappeln kommen, aber es ist immer nur ein geringer Anteil an Samen, der erfolgreich keimt. Die meisten von ihnen landen dort, wo die Keimungsbedingungen nicht ideal sind: auf nacktem Stein oder mitten im Wasser, oder ihre Würzelchen finden aus anderen Gründen kein geeignetes Fleckchen Erde, in dem sie sich festsetzen können. Jedes Mal, wenn die Saat von Espen oder Birken ausgestreut wird, gelangen jedoch etliche Früchte an genügend Orte, an denen sie erfolgreich anwachsen können. Es dauert daher nur wenige Jahre, bis aus einer Trümmerfläche ein Espen- oder Birkenwäldchen geworden ist. Die Früchte von Ahorn und Esche haben ebenfalls Flügel, mit denen sie im Wind über kürzere Distanzen getragen werden können. Die Eschenfrüchte bewegen sich dabei in einer Schraubenbewegung.

Vom Wind verbreitet werden auch die Früchte von krautigen Gewächsen. Bekannt ist dieses Phänomen bei Korbblütlern, deren Kelchblätter zu einem Pappus umgewandelt sind. Sie entwickeln sich auf der Frucht des Löwenzahns und anderer Korbblütler, die man Achäne nennt. Zur Reife trocknen die Früchte ab und werden dadurch leichter. Sie lösen sich vom Korbboden des Löwenzahns, wenn zugleich die einzelnen Pappushaare ausgewachsen und abgetrocknet sind. Am Mittag eines warmen, trockenen Maitages fliegen die Früchte des Löwenzahns massenhaft über die abgeblühte Wiese; kein Fleckchen Erde in der Umgebung ist davor sicher, dass einer der mit Fallschirmen vergleichbaren Flugfrüchte darauf landet. Die am unteren Ende spitzige Achäne bohrt sich in den Boden und kann sofort keimen. Allerdings breiten sich die Nachkommen der Löwenzahnpflanzen immer nur dann massenhaft aus, wenn die Früchte völlig trocken geworden sind. Und das funktioniert nur dann, wenn die Wiese wenig später gemäht wird und sich neben dem Löwenzahn nur einige wenige Gräser wie der Fuchsschwanz bis zu diesem Zeitpunkt fertig entwickeln konnten. Mäht man hingegen erst später, haben zahlreiche andere Wiesenpflanzen ebenfalls die Chance, zur Blüte zu kommen. Mäht man sogar erst im Juni, wie man es früher jahrhundertelang gemacht hat, werden die Bedingungen für den Wiesenschnitt noch besser. Die Luftfeuchtigkeit ist dann besonders gering, und das Heu trocknet optimal. Allerdings hat dann der Löwenzahn nicht so viele Entwicklungsmöglichkeiten; als früh verblühte Pflanze trocknen seine «Fallschirme» zwischen all den anderen hochkommenden Wiesen-

Samen und Früchte

pflanzen nur schlecht. Bei getrockneten «Pusteblumen» kann man auch «nachhelfen» und die Früchte verblasen; auch das machen Kinder gerne. Man sollte aber aufpassen: Man darf niemals anderen Menschen die Fallschirme direkt ins Gesicht blasen, denn die Achänen oder auch einzelne Pappusstrahlen dürfen nicht ins Auge geraten; sie können dort Verletzungen auslösen.

Wasserpflanzen bilden schwimmfähige Samen. Bei der Seerose reifen sie unter Wasser. Dann bildet sich eine mit Luft gefüllte Frucht, die dem Samen Auftrieb verleiht. Einige Tage lang wird er an der Wasseroberfläche verdriftet, dann bildet sich die Frucht zurück, und der Same sinkt zu Boden. Er keimt dann nicht genau dort, wo die Mutterpflanze gewachsen war.

Der Queller wächst im Schlickwatt, auf dem sich mit den Tiden täglich andere Strömungen ausbilden. Wie sollen sich da Samen im Boden verankern können, die dann auch noch keimen? Das lässt sich beantworten: Kleine Borsten auf der Samenoberfläche halten die Samen in der absterbenden, aber noch fest im Untergrund verwachsenen Mutterpflanze fest. Sie wird allmählich von Schlick bedeckt, und der Same treibt aus dem abgestorbenen Gewächs heraus einen Wurzelpol in den Schlickboden. Dann erscheinen die beiden kleinen Keimblätter an der Oberfläche, die allmählich in die miteinander verwachsenen Spross- und Blattgebilde der Quellerpflanzen übergehen. So ist gewährleistet, dass immer wieder Quellerpflanzen an der gleichen Stelle vorkommen. Gemeinsam mit den einzelligen Algen höhen sie die Oberfläche des Wattbodens auf, bis auch ausdauernde Gräser, vor allem der Andel, ihre Ausläufer darauf ausbreiten können, so dass mit der Gewinnung von Neuland begonnen werden kann.

Seltsam ist auch die Samenverbreitung bei den Mangrovenpflanzen. Ebenso wie der Queller gedeihen sie an von Tiden beeinflussten Stellen. An den tropischen Mangrovenküsten besteht dasselbe Problem wie an der Nordsee: Ständig bilden sich andere Strömungen aus, und der Same gelangt nur selten spontan an einen sicheren Platz, an dem er sich mit seinen Primärwurzeln im überspülten Boden festsetzen kann. Daher keimen die Jungpflanzen der Mangroven auf den

Mutterpflanzen, die deswegen den wissenschaftlichen Namen «Rhizophora» erhielt, wörtlich übersetzt «Wurzelträger». Dort wächst eine Jungpflanze mit Spross und Wurzel heran. Die Wurzel läuft spitz zu, und wenn die Jungpflanze dafür reif ist, fällt sie genau senkrecht in den Uferboden und kann sich dort einbohren. Dann sitzt sie fest. Wenn das nicht auf einen Schlag gelingt, wird sie an einen anderen Ort verdriftet, möglicherweise von der Westküste Afrikas zur Ostküste Südamerikas oder umgekehrt. Die Jungpflanzen überstehen auch eine längere Zeit des Treibens im Meer, wenn sie nicht sofort einen festen Halt finden und aus dem Boden Wasser und Mineralien aufnehmen können.

Auf einen sehr wichtigen Verbreitungsweg von Früchten und Samen bin ich noch nicht eingegangen: die Verbreitung durch Tiere, die man Zoochorie nennt. Dazu kann es in einer Kombination mit Vorgängen der Samenverbreitung kommen, die ich schon beschrieben habe. Eicheln oder Haselnüsse werden nämlich von Eichelhähern oder Eichhörnchen gesammelt; die Tiere stecken die Früchte in den Boden und finden sie zu einer späteren Zeit wieder, in der das Nahrungsangebot gering ist. Man könnte dies mit Wörtern wie «Verstecken», «Vorratshaltung» und «Wiederfinden» beschreiben, doch sollte man nicht davon ausgehen, dass die Tiere diese «Maßnahmen» mit Absicht planen. Ferner «vergessen sie die Verstecke» manchmal; auch das sollte man besser ohne die Unterstellung einer Absicht beschreiben, indem man einfach sagt, dass nicht alle Eicheln und Nüsse von den Tieren später gefunden und gefressen werden. Dann dauert es ein paar Jahre, bis die harte Schale der Früchte vergangen ist und der Keimling erscheint. Haselbusch oder Eiche wachsen nun auch an einem neuen Ort, oft an Bodenanschnitten oder steilen Hängen, in welche die Tiere die Früchte seitlich hineingesteckt hatten.

Getreidekörner sind mit harten Blättchen verbunden, die man Spelzen und Grannen nennt. Spelzen hüllen das Korn ein, das auf diese Weise sehr haltbar ist. Die Grannen sind mit kleinen Widerborsten versehen – man kann mit dem Finger in der Richtung auf das Korn zu daran entlangstreifen, nicht aber in der anderen Richtung, vom Korn weg zur Grannenspitze. Mit den Widerborsten bleiben die Grannen – und dann auch das ganze Korn – im Fell von Tieren haften. In einer feuchten Senke, vielleicht auch nur in einer Pfütze, suhlt sich das Tier. Die Granne bricht ab, das Korn bleibt liegen und bohrt sich mit einem spitzigen Bruchstück der Ährenachse, die am Korn hängen geblieben ist, in den Untergrund ein. Und dann kann die Keimung an einer feuchten mineralstoffreichen Stelle gelingen, die von den sich wälzenden Tieren bereits gelockert ist.

Noch viel mehr Früchte und Samen bleiben im Fell eines Schafs hängen, z. B. die Früchte der Großen Klette (siehe Tafel 6). Schafe werden in Herden von Weide zu Weide getrieben und verbreiten so die Pflanzen von einer Weide zur anderen. Für andere Tiere gilt das genauso.

Vögel verbreiten vor allem rote Früchte, also Kirschen, Vogelbeeren, Kornelkirschen, Früchte von Stechpalmen, Heckenkirschen oder Rotem Holunder. Diese Früchte erkennen sie gut, weil ihre Augen auf rote Farben besonders gut reagieren. Davon war schon im Zusammenhang mit den Vogelblumen die Rede. Die Samen sind mit einer Frucht aus Nährgewebe umgeben, in der viel Glukose oder Fructose oder auch Sorbit oder ein anderer Zucker enthalten ist. Dieser Zucker kann von dem keimenden Samen aufgenommen werden, der auf diese Weise wächst, bis die junge Pflanze Fotosynthese betreibt und selbst Zucker herstellen kann. Es kann aber auch ein Vogel die Frucht fressen und mit der Frucht im Magen oder im Darm eine Strecke zurücklegen. Dann scheidet der Vogel das Innere der Frucht, den Kern mit dem Samen, in einem Kothäufchen aus. Es kann immer noch Zucker darin zu finden sein, hinzu kommen Stickstoff und Phosphor enthaltende Substanzen. Aus dem harten Kern erscheint dann der keimende Same und nimmt nicht nur Zucker, sondern auch die Mineralstoffe auf, die im Kothäufchen vorhanden sind. Auch damit kann die junge Pflanze gut wachsen und Enzyme und Substanzen aufbauen, mit denen Energie übertragen wird. Womöglich wächst sie nach der Passage eines Vogelmagens und eines Vogeldarms noch besser, als wenn «nur» Zucker der Frucht zur Verfügung stünde. Vor allem am Waldrand sind

Kirsche, Vogelbeere oder Stechpalme verbreitet; das kann den Grund haben, dass die Vögel sich besonders oft auf Zweigen am Waldrand niederlassen. Sie nutzen diese Zweige als sogenannte Warten, auf denen sie ihren Gesang erschallen lassen. Während dieser Zeit werden die Kothäufchen mit den Fruchtresten ausgeschieden, aus denen dann die Jungpflanzen auskeimen.

Hier muss noch auf ein ähnliches Phänomen hingewiesen werden. Die Früchte einiger Pflanzenarten besitzen sogenannte Elaiosomen, Anhängsel an ihren Samen, die Zucker oder Öl oder auch andere Substanzen enthalten. Sie locken Ameisen an, die diese Samen zu ihren Ameisenhaufen tragen, den Inhalt der Elaiosomen fressen und die Samen dann als «Abfall» in der Nähe ablegen. Damit ist der Same ausgebreitet und kann nun am neuen Ort keimen. Eine solche Form der Ausbreitung von Samen wird «Myrmekochorie», Verbreitung durch Ameisen, genannt. Sie kommt zum Beispiel bei Leberblümchen, Schneeglöckchen und Veilchen vor.

Samen können je nach Pflanzenart sofort keimen, oder sie liegen sehr lange in den oberen Bodenschichten, bevor sie geeignete Bedingungen für ihre Entwicklung bekommen. Man weiß das von sogenannten Schlagpflanzen, die lange im Waldesschatten liegen, bis ein Baum über ihnen abstirbt und umfällt, weil er von Pilzen befallen ist oder vom Sturm gefällt wird. Dann breiten sich in kurzer Zeit bunte Schlagfluren aus, in denen zum Beispiel Königskerze, Fuchsgreiskraut, Feuerröslein oder Fingerhut in Massen zum Vorschein kommen und einige Jahre lang vielfarbig blühen. Zahlreiche Tiere finden sich auf der Lichtung ein und bringen Himbeeren und Erdbeeren mit. Zwischen diesen Pflanzen kommen später wieder andere Pflanzen zum Vorschein, und es bildet sich erneut ein Wald. Die Pflanzen der Schlagfluren verschwinden dann wieder.

Samenschalen und harte Fruchtwände können sehr haltbar sein. Geraten sie im Boden unter Luftabschluss, können sie jahrtausendelang erhalten bleiben. Zwar bleiben sie nicht so lange keimfähig, weil sich der Inhalt dieser Samen nicht so lange erhalten kann. Aber morphologische Merkmale von Früchten und Samen lassen sich auch nach

Samen und Früchte

Jahrtausenden noch erkennen. In Ablagerungen, die vom Menschen vor Jahrhunderten oder gar Jahrtausenden unterhalb des Grundwasserspiegels geschaffen wurden, beispielsweise weil Abfälle oder Fäkalien beseitigt wurden, kann man nach Überresten von Früchten und Samen suchen und sie bestimmen, das heißt einer Pflanzenart zuweisen. Es sind wichtige Quellen für die Archäologie. Man kann nämlich auf diese Weise die Zusammensetzung der Nahrung von Menschen rekonstruieren, die keinerlei schriftliche Quellen hinterlassen haben. Sogar in einem verkohlten Zustand können sich die Oberflächenstrukturen von Früchten und Samen über Jahrtausende erhalten. Womöglich wurde Getreide in der Nähe des offenen Feuers getrocknet; das war notwendig, um es anschließend zu reinigen und zu mahlen. War es dabei nur ein klein wenig zu lange der Hitze ausgesetzt, verkohlte es – wie das Toastbrot, das für einige Sekunden zu lang im Toaster verbleibt. Diese Körner wurden ungenießbar, als Abfälle beseitigt, aber sie behielten ihre äußere Struktur, so dass wir heute erschließen können, welche Körnerfrüchte in früheren Jahrtausenden gegessen wurden. Auch die Unkrautsamen und Futterpflanzen des Viehs blieben manchmal erhalten. Nach Ausgrabungen kann es gelingen, die damals vorkommenden Pflanzenarten an den Samen und Früchten zu erkennen und die Umwelt der vor Jahrtausenden lebenden Menschen zu rekonstruieren.

Die Vielfalt der Samen entsteht bei der generativen oder sexuellen Vermehrung der Pflanzen. Aber auch für die vegetative Vermehrung, bei der kein Kernphasen- und Generationswechsel stattfindet, folglich auch kein Austausch und keine Neukombination des genetischen Materials, ist niedermolekulare Substanz nötig, um mit dem Wachstum beginnen zu können, bevor die Fotosynthese einsetzt. Deswegen sind einfache Zucker auch in den Ausläufern von Pflanzen enthalten, aus denen dann ein kompletter weiterer Kormus mit Wurzel, Spross und Blatt entstehen kann.

Bei ausdauernden Pflanzen, zum Beispiel allen Bäumen und Sträuchern, werden vor dem Eintreten einer Vegetationsruhe Speicherstoffe in die Stämme und Wurzeln verlagert, die im Frühjahr rasch aktiviert werden können. Viele Bäume bringen Wurzelbrut hervor: Aus den Wurzeln treiben neue Stämme aus. Die im frühen Frühjahr erscheinenden Zwiebel- und Knollengewächse haben den Winter über Nährstoffe in den unterirdischen Speicherorganen bereitgehalten. Zwiebeln bestehen aus dicht übereinander gepackten bleichen Blättern, aus denen schnell grüne Blätter austreiben können – unter der Voraussetzung allerdings, dass sie Speichersubstanzen erhalten, ehe ihre Blätter ergrünen. Sie wachsen sehr rasch, wenn sie von Speichern im Boden gut versorgt sind. Immer wieder ist es im Frühjahr bemerkenswert, wie schnell die ersten Blätter von Tulpen ergrünen und mit welchem Tempo sie wachsen. Zwiebelpflanzen bilden im Boden auch Tochterzwiebeln, Knollengewächse auch Tochterknollen, alles auf vegetativem, asexuellem Weg: Sie treiben ebenfalls aus.

14
Pflanzen als Nahrung

Pflanzen müssen Mineralstoffe aufnehmen. Dieser Vorgang wird manchmal mit dem Begriff der Pflanzenernährung umschrieben, der aber in die Irre leitet. Denn eigentlich versteht man unter Ernährung ausschließlich die Aufnahme von organischen Substanzen, die allesamt ein Kohlenstoffskelett haben: Zucker, Stärke, Fett oder Öl, Aminosäuren oder Proteine. Diese Substanzen können grüne Pflanzen über die Fotosynthese und weitere Stoffwechselwege selbständig aufbauen. Sie sind also autotroph, das heißt, sie ernähren sich selbst. Diese Beschreibung trifft aber nur zu, wenn man die Pflanze als Ganzes betrachtet. Ihre nicht grünen Pflanzenteile, vor allem die Wurzeln, die haploiden Pollenkörner und Eizellen sowie die Speicherzellen, aus denen junge Pflanzen hervorkommen können, müssen von den zur Fotosynthese befähigten Zellen mitversorgt werden. Nur für sich genommen sind diese Zellen nicht autotroph. Der gesamte Organismus kann aber allein aus sich heraus alle organische Substanz selbst aufbauen. Das ist eine zentrale und einzigartige Eigenschaft der Pflanzen, zumal auch alle anderen Lebewesen die Aufbauleistung der Pflanzen nutzen, um überleben zu können.

Tiere und Pilze müssen dagegen Nahrung aufnehmen, also sich von organischen Substanzen ernähren, die andere Lebewesen aufgebaut haben. Auch wenn sich Tiere von anderen Tieren oder auch von Pilzen ernähren: Der Aufbau organischer Substanz geht immer ursprünglich von Pflanzen aus. Und nur im Zusammenhang mit organischer Nahrung nehmen Tiere auch lebensnotwendige Mineralstoffe auf. Man nennt eine solche Lebensweise heterotroph, das heißt, Tiere und Pilze ernähren sich von anderen Lebewesen. Dabei kann man von einer Symbiose sprechen, wenn Tiere lediglich das Fruchtfleisch von Kirschen oder Roten Johannisbeeren aufnehmen und die inneren harten Teile der Früchte, vor allem die Samen, wieder ausscheiden. In einer solchen Form des Zusammenlebens kommen die Tiere zu lebensnotwendigem Zucker, die Pflanze wird weiterverbreitet, und zwar nicht nur am Ort, an dem die Frucht gewachsen war, sondern auch an denjenigen Orten, an denen die Tiere die Samen wieder ausscheiden. Von allen anderen Formen der Nahrungsaufnahme durch Tiere werden die Pflanzen nur geschädigt. Sie verlieren wichtige Teile ihrer Körper, die eigentlich für die Entwicklung ihres Organismus in anderer Weise bestimmt waren.

Tiere verwerten vor allem solche Nahrung gut, die sie direkt aufschließen können. Das sind nur winzige Anteile an den gesamten Pflanzenkörpern, lediglich solche, in denen niedermolekulare organische Substanzen vorhanden sind. Eine wichtige Nahrung für viele Tiere besteht aus dem Nährgewebe von Samen. Dabei wird nur in den wenigen erwähnten Fällen der in eine harte Samenschale verpackte Same wieder ausgeschieden. Meistens werden die Diasporen bei der Nahrungsaufnahme zerstört. Das gilt für die Körner von Getreide und anderen Gräsern, in denen vor allem kohlenhydratreiche Kost vorhanden ist, aber auch für wichtige Proteine oder Enzyme. In den Hülsenfrüchten der Schmetterlingsblütler sind Kohlenhydrate und besonders viele Proteine enthalten, in den Diasporen von Mohn, Lein oder Disteln besonders viel Fett. Einige Aminosäuren und einige Fettsäuren sind essentiell; tierische Organismen können die essentiellen Amino- und Fettsäuren in ihrem Stoffwechsel nicht aufbauen, müssen sie also mit der Nahrung aufnehmen. Menschen müssen mehr als ein Drittel aller wichtigen Aminosäuren mit der Nahrung erhalten, unter anderem Leucin und Lysin. Unabdingbar notwendige Komponenten der Nahrung des Menschen sind auch sogenannte Omega-3-Fettsäuren. Diese essentiellen Fettsäuren kommen in pflanzlichen Ölen vor, in besonders großer Menge beispielsweise in Sonnenblumen- und Sojaöl.

Tiere fressen auch die Organe, in denen organische Substanzen gespeichert werden, mit der die Pflanze eigentlich ihre jungen Triebe versorgt, die möglichst schnell nach einer Wachstumsunterbrechung während einer kalten oder trockenen Jahreszeit wieder in die Höhe kommen sollen. Haben Tiere in der Zwischenzeit Rüben, Knollen, Zwiebeln oder andere Speicherorgane gefressen, ist das erneute Wachstum der Pflanzen nicht mehr oder nur noch in vermindertem Umfang möglich.

Einige Tiere ernähren sich von jungen Pflanzentrieben, in denen ebenfalls nur wenig Zellulose enthalten ist. Manche Vögel fressen junge Triebe der sogenannten Einkeimblättrigen Pflanzen: kleine Graspflanzen, die nicht höher als etwa zehn Zentimeter emporwachsen. An der Nordsee, im maritimen Klima, keimen fast den ganzen Winter und auch im frühen Frühjahr Blätter vom Andelgras, der wichtigsten Pflanze der Salzwiese, die sich dort mit zahlreichen Ausläufern ausbreitet. Andelgras ist, weil massenhaft verfügbar, eine hervorragende Nahrungsquelle für Ringel- und Nonnengänse, die als Zugvögel im Winterhalbjahr an der Nordseeküste in großen Schwärmen zu sehen sind. Etwa im Mai verlassen sie die Salzwiesen, in denen der Andel so häufig ist, und fliegen in arktische Breiten, in denen dann mehr Nahrung für sie verfügbar ist als an der Nordsee. Dort sind die Gräser inzwischen zu hoch geworden, und sie enthalten zu viel Zellulose, die die Tiere nicht fressen und verdauen können. Sie ziehen nicht deswegen regelmäßig zwischen der Nordseeküste und Sibirien hin und her, weil es im hohen Norden nur im Sommer warm ist und sie im Winter vor der Kälte fliehen müssen, sondern weil zu den betreffenden Jahreszeiten gute Nahrung zur Verfügung steht, sowohl im Winter an der Nordsee als auch in arktischen Breiten während des Sommers.

Viele Insekten fressen ebenfalls junge Blätter, und sie vermehren sich genau dann massenhaft, wenn sich die Knospen öffnen. Gibt es viele Maikäfer, kann es vorkommen, dass ganze Wälder kahlgefressen werden. Der Junikäfer ernährt sich von den jungen Blättern der Himbeerpflanzen und einiger mit ihr mehr oder weniger stark verwandter Arten. Der Frostspanner frisst die Kronen vieler Bäume kahl, die gerade junge Blätter treiben. Er erhielt seinen Namen, weil seine Raupen noch spät im Herbst und früh im Frühjahr zu sehen sind, sogar wenn es noch Frost geben kann: Schon zu dieser Jahreszeit beginnt das Wachstum seiner Nahrungspflanzen. Viele Bäume können befallen werden; von deren Blättern bleiben häufig nur die Rippen oder Adern stehen, in deren Zellwände nicht nur Zellulose, sondern auch Lignin eingelagert ist. Alle anderen Gewebe enthalten noch so wenig Zellulose, dass sie eine hochwertige Nahrung für die Raupen sind.

Borkenkäfer ernähren sich vom niedermolekularen Zucker, der unter den Rinden der Bäume im Phloem von den Blättern zu den anderen Teilen der Pflanze transportiert werden soll, dort aber nicht ankommt, weil die in Brutgängen aufwachsenden Larven der Käfer ihn vertilgen. Der Baum stellt das Wachstum ein und kann schließlich absterben. Es gibt mehrere Arten von Borkenkäfern, die auf einzelne Baumarten spezialisiert sind. Der Buchdrucker, eine dieser Arten, befällt ganz überwiegend Fichten.

Tiere werden auch von anderen Tieren gefressen. Dabei entstehen dann komplizierte Nahrungsketten oder Nahrungsnetze, in denen die Beziehungen zwischen den Organismen deutlich werden. Insektenlarven sind eine stark eiweißhaltige Nahrung für viele Arten von Vögeln. Insekten und deren Larven hält man für «Schädlinge», weil sie Pflanzenwuchs behindern oder verhindern. Vögel hingegen betrachtet man als «Nützlinge», weil sie Insektenlarven verzehren. Jedes Jahr herrschen bei der Ausprägung dieser Nahrungsketten andere Bedingungen. Pflanzen und Insekten entwickeln sich, wenn die Temperaturen ansteigen; sie sind poikilotherme oder wechselwarme Lebewesen, die von der Außentemperatur abhängig sind. Allerdings muss ihre Entwicklung genau gleichzeitig verlaufen, damit es zum Befall der Pflanzen durch die Insekten kommen kann. Wenn sich die Insekten früher oder später als die Pflanzen entwickeln, ist ihre Nahrung noch nicht oder nicht mehr vorhanden. Dann sind die Pflanzen in dem betreffenden Jahr von einem Insektenbefall verschont geblieben, und es kommt zu keiner Massenvermehrung der Insektenart.

Vögel sind homoiotherme oder gleichwarme Tiere, genauso wie

Pflanzen als Nahrung

Säugetiere. Sie sind auch im Winter aktiv, brauchen dann allerdings besonders viel Nahrung, etwa die lange an den Sträuchern hängenbleibenden Vogelbeeren oder die ebenso lange vorhandenen Früchte von Stechpalmen. Oder sie werden von den Menschen mit Getreidekörnern und Sonnenblumenkernen im Vogelhaus gefüttert. Wenn die Tage länger zu werden beginnen, oft schon Anfang Januar, fangen die Vögel an zu singen, und es werden Sexualpartner gesucht und gefunden. Die Eier müssen schon früh im Jahr befruchtet sein und sich in den weiblichen Tieren entwickeln. Es muss ein Nest gebaut werden, in das die Eier gelegt werden, schließlich werden sie ausgebrütet. Dann schlüpfen die Jungen und brauchen in diesem Moment eine immense Menge an Nahrung in Form von Insektenlarven. Es kommt jetzt darauf an, wie gut die zeitliche Entwicklung der Vogeljungen, des Blattaustriebs und der Larvenentwicklung der Insekten zueinander passen. Schlüpfen die Vögel nur um ein paar Tage zu früh oder zu spät aus dem Ei, kann Nahrung knapp werden, weil die Raupen ihren Fraß an den Blättern noch nicht begonnen oder schon abgeschlossen haben. Die Situation für die Vögel ist allerdings nicht so dramatisch, wie hier dargestellt; denn es gibt im Mai sehr viele Gewächse, die zu wachsen beginnen, und sehr viele Insektenarten, die daran aber oft nur wenige Tage fressen. Besonders auffällige Tiere wie Maikäfer sind nur für eine kurze Zeitspanne zu sehen. Die Männchen sterben sofort, wenn sie die Weibchen begattet haben, die Weibchen nach der Ablage der Eier. Dass diese Tiere sterben, «wenn sie ihren Zweck erfüllt haben», ist ein normales biologisches Phänomen, das immer wieder Anlass zu besorgten, aber grundlosen Anrufen bei den Umweltbehörden gibt.

Tiere, die zellulosearme Pflanzenteile fressen, können in Massen auftreten und enormen Schaden anrichten: an Wurzeln, jungen Blättern, Blüten, Samen und Früchten. Viele der Entwicklungsstadien von Pflanzen, in denen günstiges Futter für die Tiere vorhanden ist, dauern nur kurze Zeit an, so dass die Massen an Tieren nur dann anwesend sein und sich entwickeln können. Sie müssen sonst an andere Orte ziehen, oder ihre Entwicklung führt direkt in eine Ruhezeit, wenn die Periode mit reichlich vorhandener zellulosearmer Kost bereits vorüber ist. Viele Insektenraupen verpuppen sich, und danach schlüpfen sie als Imagines, als «fertige» erwachsene Insekten.

Völlig verschieden davon ist die Wirkung anderer Pflanzenfresser, die dies auch nur scheinbar sind: Sie sind in ihrer Ernährung unbedingt auf eine Symbiose mit Bakterien angewiesen, die Zellulasen besitzen. Diese Enzyme zerlegen Zellulose, was sich an der Systematik der Substanznamen erkennen lässt. Auf -ose enden immer die Namen von Zuckermolekülen, von Glukose, Fruktose, Saccharose, Zellulose. An der Endung «-ase» erkennt man, dass dieser Stoff die Zerlegung anderer Substanzen erleichtern oder erst ermöglichen kann, dass er also ein Enzym ist. Viele der Tiere, die in Symbiose mit Zellulase besitzenden Bakterien leben, sind Wiederkäuer: Rinder, Schafe, Ziegen, Rentiere, Hirsche, Damhirsche. Sie rupfen Pflanzenteile lediglich ab und zerkleinern sie, ehe sie in einen Vormagen oder Pansen gelangen, wo ihre Zellulosemoleküle von Bakterien gespalten werden. Die Mikroorganismen vermehren sich schnell, wenn sie große Mengen an Zellulose als Nahrung erhalten, und es entsteht im Pansen ein breiartiges Gemisch aus zersetzten Pflanzenteilen und Bakterien. Nach einiger Entwicklungszeit, in der sich die Bakterien gehörig vermehrt haben, würgt das Tier den Nahrungsbrei wieder ins Maul hoch und kaut gewissermaßen ein zweites Mal auf der Nahrung herum. Es käut wieder. Dann aber frisst es eigentlich Bakterien, nicht das Gras, weshalb man Wiederkäuer eigentlich als Bakterienfresser bezeichnen müsste. Die Tiere nehmen aber auch zellulosearme Kost auf, Getreidekörner zum Beispiel oder daraus und aus anderen Pflanzenteilen hergestelltes sogenanntes Kraftfutter, auch junges Gras, das sie direkt verwerten können, ohne es zuerst durch die Bakterien aufbereiten zu lassen.

Bei der Aufnahme von Nahrung für die Bakterien sind die Tiere nicht unbedingt sehr wählerisch. Sie fressen viel Gras, weswegen man das Abrupfen von Pflanzen auch «Grasen» nennt. Sie nehmen aber ebenso andere Gewächse auf, die sich auf einer Viehweide befinden, auch Blätter von den Bäumen.

Im Prinzip könnten von den Tieren sehr viele Pflanzen aufge-

nommen und von den Mikroorganismen zerlegt werden. Überall ist
Zellulose. Aber es gibt Pflanzen, die die Tiere zunächst verschmähen
und nicht abrupfen. Dazu gehören Pflanzenarten, an denen Dornen
oder Stacheln ausgebildet sind. Rinder beispielsweise lassen Disteln
zunächst stehen. Distel ist kein Begriff der systematischen Botanik,
denn die Disteln sind nicht alle miteinander verwandt. Edeldistel, wie
man den Mannstreu auch nennt, und Stranddistel sind Doldenblütler,
die Kardendistel ist ein Kardengewächs, Silberdistel, Gänsedistel,
Kratzdistel und Eselsdistel gehören zu verschiedenen Gruppen der
Korbblütler. Dass Rinder nicht allzu gerne diese Gewächse in den
Mund nehmen, ist einzusehen. Auch Brennnesseln lassen sie zunächst
stehen, würden sie aber, wenn nichts anderes zum Fressen mehr vorhanden ist, auch abrupfen.

Zahlreiche Pflanzen werden wegen ihres Geschmacks weniger
gerne gefressen. Sie besitzen sekundäre Pflanzenstoffe, für deren Herstellung eigene Stoffwechselwege ausgebildet sein müssen. So werden
in diesen Gewächsen Alkaloide, Senföle und andere Bitterstoffe oder
Ätherische Öle synthetisiert. Es gibt sogar stark giftige sekundäre
Pflanzenstoffe, zum Beispiel in Kartoffeln und anderen Nachtschat-
tengewächsen, in Orchideen, Fingerhut, Eisenhut und Schierling.

Während die meisten Tiere Gewächse mit sekundären Pflanzenstoffen nicht fressen, gibt es Insektenarten, die nur an Pflanzenarten
fressen, die bestimmte Inhaltsstoffe besitzen. Kartoffel- oder Colorado-
käfer fressen ausschließlich an Kartoffeln, die besondere Alkaloide
enthalten, die alle anderen Tierarten vom Fressen der Kartoffeln ab-
halten. Der Kohlweißling befällt nur Kohl, Senf und verwandte Arten
aus der Familie der Kreuzblütler, in denen Senföle enthalten sind, die
anderen Tierarten bitter schmecken. Ähnliches gilt für den kleinen
Rapskäfer. Die Vielfalt der Beziehungen zwischen sogenannten
monophagen und oligophagen Insekten, die nur an einer oder an
wenigen Pflanzenarten fressen, und ihren bevorzugten Futterpflanzen
ist fast so vielfältig wie die große Zahl der Pflanzen- und Insektenarten.

Auf Grünlandflächen führt Beweidung mit der Zeit zu einer

Zunahme an Pflanzen, die von den Tieren stehengelassen werden. In Weidegebieten der Mittelmeerländer, die zum Teil schon seit Jahrtausenden genutzt werden, breiteten sich zahlreiche mit Stacheln oder Dornen bewehrte Pflanzenarten aus und solche, die stark duftende oder bitter schmeckende Inhaltsstoffe besaßen. In der Garrigue oder der Macchia kommen viele Arten von Gewürzpflanzen vor, die vom Vieh stehengelassen wurden, etwa Salbei, Majoran, Thymian, Kümmel, Dill, Petersilie. Einige dieser Pflanzen breiteten sich auch auf den beweideten Magerrasen süddeutscher Bergländer aus, etwa auf der Schwäbischen und Fränkischen Alb sowie am Kaiserstuhl.

Wird die Beweidung immer weiter intensiviert, kann es zur Überweidung kommen. Sie wird besonders in manchen Gegenden der Subtropen und der Äußeren Tropen, in denen es längere Trockenzeiten gibt, zum Problem. Vor allem in der südlichen Sahara sind immer größere Viehbestände auf die Weiden geführt worden, die dort auch als Statussymbol gelten. Dies hat zum Verschwinden der Vegetation und zur Ausbreitung der Wüsten geführt.

Völlig verschieden von den Gewächsen, die auf einer Viehweide häufig vorkommen, sind die Pflanzen, die auf einer Wiese zu finden sind. Wiesen kann es nur dort geben, wo genug Wasser zur Verfügung steht. Regnet es nicht genug, muss eine Wiese bewässert werden, auch damit gemeinsam mit dem Wasser genügend Mineralstoffe auf die Grünlandfläche kommen. Zwischen den Worten Wasser und Wiese soll daher eine etymologische Verwandtschaft bestehen. Welche Pflanzen auf einer Wiese wachsen, entscheidet sich vor allem durch die Art der Düngung (die unbedingt erfolgen muss, um den Verlust an Mineralstoffen auszugleichen, die mit der Mahd entfernt werden) und den Zeitpunkt des Mähens. Will man früh mähen, was bei starker Düngung möglich ist, richtet sich der Landwirt nach der Blüte vom Fuchsschwanzgras. Wenn der Fuchsschwanz gut entwickelt ist (und auch der Löwenzahn blüht), kann gemäht werden. Allerdings sind dann zum Mähzeitpunkt im Mai die Nächte noch derart feucht vom Tau, dass man das Gras nicht zu Heu trocknen kann; jede Nacht senkt sich der Tau auf das Mähgut. Man konserviert es dann vor allem als

Silage, die in einer milchsauren Gärung konserviert wird. Auf diese Weise ist das Futter, auch wenn es noch feucht ist, vor der Ausbreitung von Pilzen geschützt. Besonders trockene Nächte herrschen in der Zeit der Sommersonnenwende, etwa Mitte oder Ende Juni. Dann wird das Heu derart stark getrocknet, dass es nicht von Mikroorganismen abgebaut werden kann und für eine Fütterung an das Vieh konserviert ist. Die Mikroorganismen, die das Gras befallen würden, benötigen Wasser zum Leben. Wartet man bis Mitte Juni mit der Heuernte, wird der Glatthafer reif, an dessen Entwicklung der Bauer den rechten Erntezeitpunkt erkennt, und man findet bis dahin zahlreiche bunte und beliebte Wiesenpflanzen auf den Grünlandflächen, etwa Bocksbart, Esparsette, Kartäusernelke, Trollblume, Pippau, Wiesenknopf und Kuckuckslichtnelke. Eine frühe Mahd lässt sie nicht zur Blüte kommen; würde die Fläche beweidet werden, würden sie in kürzester Frist verschwinden, weil sie nach den Gräsern vom Vieh abgerupft werden.

Auf einer Wiese, dem gemähten Grünland, wachsen ferner grundsätzlich andere Pflanzen als auf einer Viehweide. Pflanzen einer Viehweide können nur einen Teil der Kohlenhydrate, die sie durch die Fotosynthese produziert haben, für die Herstellung von Zellulosefibrillen und damit für ihr Wachstum verwenden. Einen anderen Teil müssen sie für den Aufbau sekundärer Pflanzenstoffe investieren, die dem Vieh nicht schmecken. Gewächse mit bitteren, giftigen oder stark duftenden Inhaltsstoffen werden kaum gefressen. Sie bleiben aber im Wachstum zurück. Sobald die Flächen nicht mehr beweidet werden, breiten sich andere Kräuter aus, die keine sekundären Pflanzenstoffe aufbauen und die sämtliche verfügbaren Kohlenhydrate zum Wachstum verwenden: Sie haben dann einen Wachstumsvorsprung.

Weit verbreitet ist die Ansicht, man könne ehemals als Viehweide oder Viehtrift genutzte Weiden oder Trockenrasen durch Mähen kurz halten. Das gelingt zwar, aber die Bewahrung der charakteristischen Vegetation von ehemals beweideten Magerrasen, über die früher die Schafherden getrieben wurden, ist so nicht möglich. Will man die Standorte von Orchideen, Enzianarten, Silberdisteln, Odermennig und zahlreichen anderen Kräutern mit sekundären Pflanzenstoffen wirklich schützen, muss man die Flächen weiterhin mit Schafen beweiden. Um Biodiversität zu erhalten, genügt es nicht, Flächen offenzuhalten; man muss auch die für sie charakteristische Vegetation bewahren. Eine charakteristische Vegetation von Grünland bleibt aber nur dann erhalten, wenn es weiterhin genutzt wird – und dies möglichst in der von alters her überkommenen Form, mit den gleichen Tieren, mit den gleichen Düngermengen, mit den gleichen Erntezeitpunkten.

Ein allgemeiner Aspekt der Ernährung von Tieren innerhalb einer Nahrungskette oder eines Nahrungsnetzes muss hier noch erwähnt werden. Die pflanzliche Nahrung wird nur zu etwa einem Drittel in den Körper des Tieres eingebaut. Ein weiteres Drittel der Pflanzennahrung wird für den Energiestoffhaushalt der Tiere verwendet, während das letzte Drittel nicht verwertet werden kann und ausgeschieden wird. Wird das Tier von einem anderen erbeutet, kommt es zu vergleichbaren Verlusten. Wieder wird nur ein Drittel der Nahrungsmenge in den Körper des Tieres eingebaut, ein Drittel wird für den Stoffwechsel gebraucht und ein weiteres Drittel wird ausgeschieden. Will man eine Fläche Land für die menschliche Ernährung nutzen, bekommt man die volle Menge an Pflanzennahrung, aber nur ein Drittel davon mit Fleischnahrung, und nochmals nur ein Drittel davon, wenn man sich von Fleischfressern ernähren würde. Man könnte auf diese Weise für vegetarische Ernährung werben, aber so eindeutig liegen die Dinge nicht. Es gibt nämlich Bereiche, in denen kein Ackerbau, sondern nur Viehhaltung möglich ist: in Talniederungen, auf Salzwiesen an der Küste, auf der Alm im Gebirge. Man sollte aber nach Möglichkeit Nahrung vom Acker nicht für die Fütterung von Tieren verwenden.

15

Kulturpflanzen

Eine besondere Beziehung zwischen Menschen und Pflanzen entwickelte sich seit dem Beginn des Anbaus von Kulturpflanzen. Seitdem wachsen bestimmte Pflanzen immer noch auf eine natürliche Art und Weise, betreiben Fotosynthese und bauen organische Substanzen auf, die zum größten Teil nur schwer abgebaut werden können. Aber sie wurden als Kulturpflanzen ausgewählt, weil sie Teile besitzen, von denen sich Menschen ernähren können. Nicht nur die Pflanzen wurden dabei verändert, sondern es veränderte sich auch die gesamte Menschheit, indem sie sich auf eine kultivierende Beziehung zu den Pflanzen einließ.

Der Mensch als Species stammt aus den immergrünen Tropen. Immergrün können diese Gegenden deswegen sein, weil es in ihnen keine Jahreszeiten gibt: Die Bäume tragen das ganze Jahr über grüne Blätter und bauen organische Substanz auf. Früchte und Samen reifen zu jeder Zeit im Jahreslauf heran, sie können dann auch jederzeit von Tieren und Menschen verzehrt werden. Doch die Zahl der Menschen, die auf diese Weise regelmäßig Nahrung fanden, war begrenzt. Menschliche Populationen wurden aber größer. Auswanderer unter den Menschen versuchten, sich auch in anderen Regionen anzusiedeln. Besonders gut war dies immer dann möglich, wenn es auch außerhalb der Tropen das ganze Jahr über ergiebige Nahrungsquellen gab. Das war vor allem in den Eiszeiten der Fall, ganz besonders an deren Ende. Während der Eiszeiten, in denen weite Teile höherer Breiten der Erde von Gletschern bedeckt waren, gab es in deren

Umgebung keine Wälder. Anstelle der heute verbreiteten Bäume dehnte sich damals weites Grasland aus. In diesem Grasland lebten Wiederkäuer, in Europa vor allem Rentiere, und einige wenige fleischfressende sogenannte Raubtiere, die sich von Rentieren ernährten. Ebenso wie die Rentiere konnten sie von Menschen gejagt werden.

Zwar musste man sich in Europa und anderen Regionen der heute gemäßigten Breiten vor allem im Winter vor der Kälte schützen. Aber man konnte jederzeit im Jahr auf die Jagd gehen, und dies umso besser, je milder es am Ende der Eiszeit wurde. Denn dann wuchsen Gras und Kräuter rascher, und die Ernährungssituation für Rentiere verbesserte sich.

Jahrhunderte später aber erlaubten die höher werdenden Temperaturen allmählich die Entstehung von Wald. Unter Bäumen fanden die Rentiere weniger Nahrung. Sie wanderten nach Norden aus, wo es noch immer weites Grasland gab; bis heute sind Tundren prägend für weite arktische und subarktische Gegenden. In mancher Hinsicht sehen sie ähnlich aus wie das Land nördlich der Alpen, bevor der Wald in dieses Gebiet kam. Manche Menschen mögen den Rentieren aus dem Süden in den Norden, ins Land ohne Bäume, gefolgt sein, andere blieben an ihren inzwischen angestammten Wohnplätzen. Man hat immer wieder darüber spekuliert, dass Menschen die Tiere durch Jagd derart stark dezimierten, dass dadurch das Wachstum der Wälder begünstigt wurde. Dann kamen nämlich keine oder nur wenige Tiere vor, die durch ihren Verbiss den Baumwuchs verhinderten. Doch es gibt einen ganz anderen Einfluss von Rentieren auf Grasländer: Ihre spitzen, scharfen Hufe zerstören die Vegetationsdecke, und an den Stellen, an denen der Tritt der Tiere kleine Vertiefungen im Boden geschaffen hat, kann sich die reichlich fliegende Birkensaat besonders gut festsetzen. Die Ausbreitung von Wald kann daher sogar eine Folge der Existenz von Rentieren in den Ökosystemen gewesen sein, und durch die Dezimierung der Tiere hat der Mensch womöglich sogar die Anzahl der Hufabdrücke und die Möglichkeit der Ausbreitung von Wald begrenzt. Wie dem auch sei: Nach jeder Eiszeit (von ihnen gab es etliche, nicht nur die vier oder fünf, von denen in der Schule die Rede ist) kam es zur Ausbreitung von Wald in weiten Teilen Europas, Asiens und Nordamerikas. Ob es Menschen gab, die Tiere jagten oder nicht, wirkte sich dabei nicht aus. Die Menschen, die im neu von Wald überzogenen Land blieben, hatten keine einfachen Lebensbedingungen. Nahrung fanden sie sowohl im Sommer als auch im Winter eigentlich nur an Ufern von Gewässern. Dort konnte man Fische fangen und Wasservögel jagen. Vielleicht brachten Menschen die Früchte der Wassernuss an Seeufern und die der Haselnuss in den Wäldern aus wie manche Tierarten, die damit die Früchte vermehrten. Sie konnten gut gelagert und auch nach Monaten noch gut gegessen werden.

Besser waren die Lebensbedingungen in den subtropischen Gebirgen. Dort hatten sich die genetischen Mannigfaltigkeitszentren der Erde entwickelt. Denn in diesen Gebieten ist die Mutationshäufigkeit, ausgelöst durch ultraviolette Strahlung, besonders hoch. Eigentlich wäre zu erwarten, dass sie in den Tropen noch höher ist, weil das Land am Äquator der Sonne am nächsten gelegen ist. Aber in den Tropen ist der Himmel oft bewölkt, so dass die Strahlung gefiltert wird und es weniger häufig zu Mutationen kommt. In den stark gegliederten Gebirgsregionen mit ihren voneinander isolierten Tälern bildeten sich überdies auch immer wieder neue Populationen, die genetisch voneinander getrennt waren und sich daher in unterschiedlicher Weise entwickeln konnten.

Die Mutationen führten beispielsweise zur Bildung von Gräsern, die besonders große Früchte mit besonders hohen Gehalten an Stärke besaßen. Diese Pflanzen fielen den Menschen bei ihren Streifzügen auf, und sie sammelten die Körner. Aber das Sammeln von Grasfrüchten ist eine mühsame Beschäftigung. Denn sie befinden sich in einem Fruchtstand, einer Ähre oder einer Rispe, in dem sie nicht zur gleichen Zeit, sondern von oben nach unten reifen. Sie fallen dann – einzeln – aus dem Fruchtstand auf den Boden, könnten so bald wie möglich keimen und zu einer neuen Pflanze werden. Will man das Korn also sammeln, bevor es aus der Ähre fällt, muss man genau auf den richtigen Zeitpunkt achten. Die noch nicht ganz reifen Körner sollte man noch nicht mitnehmen; sie könnten noch weich und feucht sein, so dass man sie nicht länger aufbewahren und mahlen kann. Man muss von Tag zu Tag wiederkommen und einzelne Körner sammeln, die die richtige Trockenheit erreicht haben, und das, bevor sie zu Boden fallen. Bis ein Vorrat auf diese Weise zusammenkommt, ja, bis man überhaupt so viele Körner gefunden hat, dass man ein Brot daraus backen oder Brei zubereiten kann, dauert es lange Zeit.

Beim Pflanzensammeln kann man sich aber die Arbeit erleichtern, wenn man möglichst nach Körnern greift, die in größerer Zahl bereits reif und dennoch im Verbund der Ähre versammelt geblieben sind. Unter natürlichen Bedingungen ist das ein Nachteil, denn die Körner können nicht sofort keimen, und wenn sie gemeinsam aus der Ähre fielen, würden sich die Jungpflanzen womöglich gegenseitig im Wachstum behindern. Für den Menschen bedeutet dies aber eine Arbeitserleichterung. Die Haltbarkeit der Ährenachse wurde zur entscheidenden Eigenschaft von Kulturpflanzen. Bei einer Wildpflanze fallen reife Körner zu Boden, bei Kulturgetreide bleiben die Körner fest in der Ähre haften, bis der Mensch kommt, um sie zu ernten. Allerdings muss er dann die Ährenachsen noch durch Schlagen mit dem Dreschflegel zerbrechen, um einzelne Körner zu erhalten, die von den Spelzen befreit und anschließend gemahlen werden – oder man nimmt sie als Saatkorn und streut sie natürlich auch einzeln auf Äcker, damit sich im Folgejahr daraus wieder Getreidepflanzen mit zahlreichen Körnern entwickeln. Bei anderen Kulturpflanzen traten unter menschlichem Einfluss ähnliche Veränderungen ein: Die Palen der Hülsenfrüchte sollten bei der Reife nicht aufplatzen wie bei einer Wildpflanze. Und Leinsamen oder Mohnkörner sollten nicht aus den Kapseln fallen, bis die Menschen zur Ernte kamen. Aus Schüttlein wurde Schließlein, aus Schüttmohn Schließmohn.

Wurden immer wieder Körner in die Wohnplätze der Menschen getragen, kam es vor, dass einige von ihnen unbeachtet am Rand der Siedlung liegen blieben. Irgendwann kamen die Menschen dann auf die Idee, in der Umgebung ihrer Lager vor allem diejenigen Körner selbst auszustreuen, die von Pflanzen stammten, an denen Teile der

Ähre im Verbund erhalten geblieben waren oder bei denen sich die Früchte nicht spontan öffneten und Samen freiließen. Und irgendwann wurde aus ausgestreuten Körnern das erste Getreidefeld, in dem Menschen die Körner säten. Durch eine Selektion eines Typs von Gräsern mit fest in der Ähre haftenbleibenden Körnern entstand eine Kulturgetreidepflanze. Aber nicht nur die Pflanze wurde kultiviert, sondern auch der Mensch: Er musste sesshaft werden, weil er im Sommer das Getreidefeld und im Winter den Kornvorrat vor anderen Menschen und Tieren bewachen musste. Letzterer garantierte, dass die Menschen auch dann ihr tägliches Brot bekamen, wenn die Körner in der ungünstigen Jahreszeit nicht gesammelt oder geerntet werden konnten.

Zur Entstehung von früher Landwirtschaft mag noch die Haltung von Tieren gekommen sein, die man zur gleichen Zeit nachweisen kann, vor etwas mehr als zehntausend Jahren. Tiere müssen aber nicht das ganze Jahr über am gleichen Ort gehalten werden; für Tierhaltung ist die Sesshaftigkeit der Menschen keine Vorbedingung. Außerdem gab es mehrere Zentren, an denen Kulturpflanzen entstanden: nicht nur im Nahen Osten, sondern auch in Indien und im Fernen Osten, in einigen Gegenden Afrikas und vor allem an einigen Orten in Amerika. Im Nahen Osten wurden einige Tiere domestiziert, in anderen Gebieten weniger, etwa in Amerika und auch im Fernen Osten. Es gab also auch Regionen frühen Landbaus, in denen kaum Tiere gehalten wurden.

Bald entwickelte sich eine ganze Vielfalt an Pflanzen, die man nicht mehr sammelte, sondern anbaute. Es gab mehrere Getreidearten mit stärkereichen Körnern, Verwandte des Weizens und die Gerste, aber auch Hülsenfrüchte, Quellen für besonders eiweißreiche Nahrung, darunter Erbsen und Linsen, und fett- oder ölreiche Leinsamen. Aus der Leinpflanze gewann man ferner Textilfasern, einen Rohstoff für Kleidung. Alle diese Pflanzen wuchsen unter dem Einfluss eines Klimas, das im Winter regenreich war, so dass die Pflanzen wachsen konnten, und danach trocken, so dass sie trockneten und reiften.

Durch Ackerbau und Viehhaltung gelang es den Menschen,

außerhalb der Tropen eine Möglichkeit für eine dauerhafte Lebensgrundlage zu schaffen. Auch in anderen Gegenden, nicht nur in den Regionen der Genzentren, in denen die Kulturpflanzen erstmals angebaut wurden, übernahm man die Landbewirtschaftung als Lebensform. Damit die bereits entwickelten Kulturpflanzen auch außerhalb ihres Herkunftsgebietes mit seinen speziellen ökologischen Bedingungen gedeihen konnten, mussten dort großräumige Veränderungen erfolgen. Zuerst wurden Tieflandsregionen zu Gebieten der Landwirtschaft, beispielsweise das Zweistromland an Euphrat und Tigris sowie die Täler von Nil und Indus. Dort fiel zwar für eine erfolgreiche Landwirtschaft erheblich zu wenig Regen, aber das Land ließ sich künstlich bewässern, so dass die Pflanzen wachsen konnten. Danach wurde die Zuführung von Wasser unterbunden, so dass die Pflanzen unter optimalen Bedingungen trockneten und dadurch reiften.

Später führte man die Landwirtschaft in Waldgebieten ein. Dort mussten Wälder gerodet werden, damit die Felder im vollen Sonnenschein lagen. Nur so konnten die Kulturpflanzen genug Fotosynthese betreiben, um gute Erträge zu liefern. Man musste außerdem die Zeiten für Wachstum und Ernte anders in den Jahreslauf einpassen. In den gemäßigten Zonen, in denen man seit etwa sieben oder acht Jahrtausenden Getreide und andere Kulturpflanzen anbaut, kommt es zwar das ganze Jahr über zu Niederschlägen. Im Winter, wenn es in den Winterregengebieten des Nahen Ostens und am Mittelmeer am meisten regnet, fallen die Niederschläge weiter im Norden aber oft als Schnee und sind für den Kulturpflanzenanbau erst bei der Schneeschmelze im Frühjahr nutzbar. Besonders viel Regen fällt nördlich der Alpen im Mai und Juni; zur gleichen Zeit herrschen recht hohe Temperaturen. Dann wächst das Korn am besten. Im Juli und August dann gibt es am ehesten längere und trockene Schönwetterperioden, in denen das reife Korn trocken geerntet werden kann. In dieser Form lässt es sich am besten lagern und mahlen. In Europa kann man auch weit im Norden Getreidefelder anlegen, sogar nördlich des Polarkreises. Das Korn wächst unter dem Einfluss der lange Zeit rund um die Uhr scheinenden Sonne selbst in diesen Breiten. Der Golfstrom erlaubt auch im Herbst noch die Entwicklung vergleichsweise milder Temperaturen, und das Wasser in der Ostsee hält sie bis in den Oktober hinein auf einem akzeptablen Niveau. Im Norden Finnlands oder Schwedens hat man oft im Oktober noch gutes Erntewetter.

Ackerbau wurde nicht nur in Vorderasien und Europa betrieben. In anderen Gegenden der Welt fand man weitere Pflanzen, die zu Kulturpflanzen werden konnten. Rispenhirse, Kolbenhirse und Soja entdeckte man in China, in Südasien begann man, Reis zu kultivieren, in einigen Gegenden Afrikas weitere kleinkörnige Grasarten, die man ebenfalls wie die Rispen- und Kolbenhirse als Hirse bezeichnet, obwohl sie nicht eng miteinander verwandt sind. In Amerika fand man die Eignung zur Kulturpflanze bei Mais, Kartoffel, Tomate, Paprika und Grüner Bohne heraus. Seltsamerweise begann der Landbau in mehreren Weltgegenden etwa zur gleichen Zeit; doch die Menschen an den verschiedenen Orten der Erde waren sich dessen mutmaßlich nicht bewusst. Nur in der Arktis und in den Tropen konnte man keine Felder anlegen oder hatte Schwierigkeiten damit. In der Arktis war die Vegetationszeit zu kurz. Und in den Regenwäldern konnte das Korn zwar wachsen, aber nicht reif werden; denn es regnete jeden Tag.

Die Samen vieler tropischer Kulturpflanzen reifen zu jeder Jahreszeit und keimen ausschließlich dann, wenn sie zu Boden gefallen sind. Man kann die Früchte dann nicht längere Zeit aufbewahren, sondern muss sie möglichst sofort verzehren. Ein Beispiel einer solchen tropischen Frucht ist die Banane. Wenn man sie nach Europa bringen und dort verkaufen will, muss man sie unreif ernten und sie während des Transportes nachreifen lassen. Zusätzlich kühlt man die Früchte. In früheren Jahrzehnten gab es spezielle Bananendampfer. Heute transportiert man Bananen in einem Kühlcontainer oder in einer sauerstofffreien Umgebung, in der Organismen nicht leben können, die Bananen faulen lassen. Oder man lädt die Bananen in ein Flugzeug, um sie in wenigen Stunden an ihren Zielort zu bringen.

Mit dem Beginn des frühen Ackerbaus fingen Menschen auch damit an, die ganze Welt von Grund auf umzugestalten. Wie war das möglich? Wie erfuhren sie voneinander? Kulturelle Kontakte zwischen frühen Ackerbauern auf aller Welt sind unwahrscheinlich. Es hätten spektakuläre Seereisen stattfinden müssen, die von einem Ackerbauzentrum zum anderen reichten. Immer wieder tauchen Hypothesen darüber auf, aber bewiesen ist nichts. Die Menschen der damaligen Zeit waren alle auf einem ähnlichen Entwicklungsstand. Sie hatten allesamt große Kompetenz beim Jagen erworben, so dass es eventuell nur ein relativ kleiner, aber dann doch logischer Schritt war, mit dem Anbau von Pflanzen und eventuell der Haltung von Tieren zu beginnen.

Vielerorts lief nun eine ähnliche Entwicklung ab. Bestimmte Pflanzen wurden häufig, andere selten, die Menschen führten mehr und mehr ein Leben, das von einer völlig anderen Kultur als der bisherigen bestimmt war. Kultur war zunächst vor allem die Agrikultur, doch nun umfasste sie immer weitere Bereiche des Lebens. Menschen tauschten schließlich ihre Kulturpflanzen untereinander aus. Schon früh kam der Reis nach China, Hirse in den Nahen Osten und Europa. Weizen wurde in den letzten Jahrhunderten mit großem Erfolg in Amerika angebaut, auch Reis kam in die Neue Welt. Soja, einst in China kultiviert, wird heute in Brasilien angebaut. Viele Menschen kritisieren das, weil dafür Regenwald abgeholzt wird. Der Mais wurde zu einer wichtigen Kulturpflanze auch in Europa und anderen Gegenden der Welt. Auch das wird nicht von jedem als eine Erfolgsstory gesehen. Aber die weltweite Ausbreitung der Kartoffel war eine Vorbedingung dafür, dass große Massen von Menschen in den Städten versorgt werden konnten, die dorthin zogen, um nicht mehr von der Landwirtschaft zu leben, sondern in der Industrie ihren Lebensunterhalt zu verdienen.

Wir haben uns in den vergangenen Jahren fasziniert von der Idee des Nobelpreisträgers Paul Crutzen (1933–2021) gezeigt, das Zeitalter nach der Industrialisierung als Anthropozän zu bezeichnen. Denn der Mensch hat, so ist auf den ersten Blick offensichtlich, in den letzten zweihundert Jahren die Herrschaft über die Erde in einer Weise übernommen, die erdrückend für den ganzen Globus wurde. Sogar die Zusammensetzung der Atmosphäre veränderte sich so gravierend, dass das Klima davon beeinflusst wurde und wird. Das ist nicht zu bestreiten, aber sehr viele Aspekte, die das Anthropozän als geologisches Zeitalter charakterisieren, lassen sich auch schon vor der Industrialisierung nachweisen. Längst hatte man begonnen, Wälder zu roden und weite Teile der Erde in die ackerbaulich genutzten Gebiete einzubeziehen. Längst gab es Umweltzerstörung, großräumige Umgestaltung von Landschaft. Wann begann dann das Anthropozän? Zur Beantwortung der Frage muss man weit in die Prähistorie der Menschheit zurückgehen. Tendenzen, die ins Anthropozän führten, lassen sich bereits mit der frühen Entwicklung des Landbaus und der Sesshaftwerdung von Menschen ausmachen. Wenn man das Anthropozän aber in der Anfangszeit des Ackerbaus und der Sesshaftwerdung von Menschen beginnen ließe, braucht man den Epochennamen nicht. Denn vor 11 700 Jahren haben die Geologen den Anfang des Holozäns, der Nacheiszeit, festgelegt. Das Anthropozän wäre dann gleichbedeutend mit dem Epochennamen des Holozäns.

In dieser Epoche einer zu Ende gegangenen Eiszeit hätten Menschen in Europa, Asien und Amerika, die außerhalb der Tropen lebten, aussterben können, wie dies wohl schon etliche Male zuvor geschehen war. In den dichten Wäldern der gemäßigten Zonen konnten sie nicht dauerhaft leben. Doch die Konsequenz, die die Menschen am Beginn des Holozäns zogen, war eine andere: Sie setzten sich über die Willenlosigkeit hinweg, die uns die Pflanze lehren kann, und wurden wollend, indem sie immer stärker auch in geplanter Weise auf Pflanzenbestände einwirkten. Sie rodeten Wälder, säten Körner, bekämpften Unkraut und Nahrungskonkurrenten, sogenannte Schädlinge, ernteten die Pflanzen zum möglichst besten Zeitpunkt, hielten Vorräte, teilten ihre Nahrung ein. Kurz, sie machten sich die Erde untertan. Und sie schufen grandiose kulturelle Werte.

16

Hinter dem Gartenzaun

Wer sein Feld bestellt, möchte am liebsten so viel Saatkorn ausstreuen, wie ihm zur Verfügung steht. Er denkt nicht an eine
Grenze, an einen Zaun. Noch im Mittelalter dehnten sich die schma-
len Ackerstreifen, die ein jeder Bauer zu bestellen hatte, mal weiter,
mal weniger weit in die Umgebung aus, soweit das Saatkorn und die
Arbeitskraft reichten.

Die Idee, begrenzte Räume als Gärten zu schaffen, kam Menschen
wahrscheinlich noch nicht zu der Zeit, als sie begannen, Korn zu
säen, sondern erst dann, als zum ersten Mal Städte gegründet wurden.
Städte und Gärten haben seltsamerweise mehr miteinander zu tun, als
man spontan denkt: Beide Räume haben eine Grenze, einen Zaun.
Das wird an den Begriffen deutlich, die in den verschiedenen Sprachen
für Stadt und Garten verwendet werden. Dem lateinischen «Hortus»
entspricht das deutsche Wort «Garten», das englische «garden», das
französische «jardin», aber auch das slawische «gorod» oder «-grad» als
Bezeichnung für eine Stadt. Das deutsche Wort «Zaun» klingt im niederländischen «tuin» an, dem Wort für den Garten, aber auch im englischen «town», dem Begriff für Stadt. Ländliche Siedlungen wurden
zwar ganzjährig bewohnt, doch man verlagerte sie von Zeit zu Zeit,
etwa nach einigen Jahrzehnten, wie die Archäologen gezeigt haben.
Einen Garten für die Ewigkeit schuf man dort nicht. Und man muss
auch feststellen: Wer Felder bestellt, hat keine Zeit und Kraft mehr für
einen Garten.

Städte, von denen aus man das Umland verwaltete, grenzte man als langfristig besiedelte Orte von der Umgebung ab. In Zentren der Verwaltung sammelten sich Macht und Kapital an; das wollte man schützen. Im Lauf der Geschichte war dies zum ersten Mal notwendig, als das Land entlang der großen Ströme Euphrat und Tigris künstlich bewässert wurde und man eine Administration für die Verteilung von Wasser brauchte. Weil von Anfang an der Plan bestand, Städte langfristig zu besiedeln, konnte man auch Pflanzen in Kultur nehmen, die lange Zeit wuchsen und erst nach mehreren Jahren Früchte trugen: Obstbäume. An Zitrusfrüchten, die gemeinsam mit dem Wissen über ihre Kultur aus China ins Zweistromland gelangten, lernte man im Nahen Osten womöglich schon früh, Bäume zu veredeln. Dies läuft seit Jahrtausenden nach dem gleichen Muster ab: Edelreiser von zufällig entstandenen und ebenso zufällig gefundenen Baumindividuen, die besonders schöne Früchte tragen, werden von den Pflanzen abgeschnitten und auf andere Baumindividuen gepfropft, auf die sogenannten Wildlinge. Wildlinge sollten von der gleichen Pflanzenart stammen wie die Edelreiser. Möglicherweise gelingt es manchmal, Edelreiser vom Apfel auf einer Birnenunterlage zu veredeln – und umgekehrt. Die beiden Pflanzenarten sind verwandt miteinander.

Die Unterlage des Wildlings verbindet sich mit dem Holz des Edelreises. Nach einigen Jahren erkennen nur noch Spezialisten die Veredelungsstelle, an der sich die Hölzer verbunden haben. Ansonsten nehmen die Bäume ein Aussehen an, das sie fast nicht von wilden Individuen unterscheidet. Mit den von einem einzigen Baum abgeschnittenen Edelreisern kann man übrigens zahlreiche Baumindividuen veredeln. Jedes dabei auf eine individuelle Unterlage gesetzte Edelreis ist ein Klon: Alle von einem Baum stammenden Edelreiser sind erbgleich.

Was an Zitrusbäumen gelang, funktionierte auch an Granatapfel- und Oliven- oder Ölbäumen, an Weinreben, Apfel- und Birnbäumen, Rosen und vielen anderen Gewächsen: In die Gärten pflanzte man Bäume, die nur äußerlich gesehen einem Kormus entsprachen, an denen aber Wurzel und Baumkrone von unterschiedlichen Bäumen stammten und der Stamm zweier Pflanzen miteinander verknüpft war.

Hinter dem Gartenzaun

Seine untere Hälfte rührte von einem individuellen Wildling her, bei dem darauf Wert gelegt wurde, dass seine Wurzeln reich verzweigt waren, der obere Teil aber war ein Edelreis, ein Klon, der besonders schöne und beliebte Früchte trug.

Unter den Bäumen der umhegten Gärten, die selbstverständlich künstlich bewässert wurden, auch einen Brunnen speisten, hielt man sich gerne auf. Diese Orte werden schon so lange beschrieben, wie es Gärten gibt. Denn mit den Stadtkulturen kam auch die Schrift auf, und mit der Schrift die historische Überlieferung und die Poesie. In die Gärten holte man weitere Pflanzenarten. Darunter waren zahlreiche Arten von Gewürzen. Man sammelte sie vor allem auf Viehweiden, wo sich Gewächse mit sekundären Pflanzenstoffen besonders stark vermehrt hatten, und brachte sie in die Gärten der Städte. Mit Gewürzen, je nach Art mit den Früchten, Blättern oder gleich mit dem ganzen Gewächs, garnierte man Fleischspeisen, und das hatte einen von vielen Menschen nicht erwarteten Grund. Fleisch servierte man seit alters vor allem zum Gastmahl, bei dem viele Menschen zusammenkamen. Wurde nämlich ein Tier geschlachtet, musste sehr viel Fleisch so rasch wie möglich verbraucht werden, bevor – gerade in einem heißen Klima – die kostbaren Speisen verdarben. Das kam dennoch immer wieder vor, man hatte ja keinen Kühlschrank, in dem man die Speisen etwas länger hätte frisch halten können. Allenfalls konnte man Fleisch durch Pökeln haltbarer machen. Oft half es nur noch, das Fleisch mit scharf schmeckenden Gewürzen zu garnieren; so konnte der «Hautgout» nicht mehr ganz frischen Fleisches geschmacklich überdeckt werden. Die Inhaltsstoffe des Gewürzes machten die Fleischspeise überdies länger haltbar, weil Vorratsschädlinge die sekundären Pflanzenstoffe verschmähten, und schwer verdauliches Fleisch wurde so bekömmlicher.

Gewürze wurden besonders für die Speisen der vornehmen und wohlhabenden Bevölkerung verwendet. Ihnen waren scharfe Geschmacksnoten nicht zu teuer; es wäre doch peinlich gewesen, seinen Gästen ein Fleischgericht vorzusetzen, das verdorben geschmeckt hätte. Scharfe Gewürze gehören daher, wenn man sie nicht im eigenen

Garten besaß, zu den ältesten Handelsprodukten, die über weite Distanzen transportiert wurden und die ersten Handelsrouten des Welthandels festlegten. Pfeffer wurde über Tausende von Kilometern aus dem Fernen in den Nahen Osten gebracht, später auch ans Mittelmeer. Abgesehen von den durchaus attraktiven Obstbäumen und Gewürzpflanzen hatte man nur wenige Zierpflanzen in den Gärten. Es gab wohl Rosen, aber bei ihnen muss man sich fragen, ob sie primär für die Gewinnung von Rosenöl gedacht waren oder eher dazu dienten, die Besitzer und Besucher der Gärten zu erfreuen. Obstbäume, Gewürz- und Heilpflanzen werden auch in der Bibel genannt, außer Rosen und Lilien aber keine Zierpflanzen.

Die Gartenkultur des Orients fand ihre Fortsetzung in antiker Zeit. Eine Reihe von Dichtern, darunter beispielsweise Vergil, schrieben Bücher über die Methoden, mit denen man Acker- und Gartenbau betrieb. Die «Georgica» des Vergil sind ein Lehrbuch des Landbaus in Form eines langen Gedichtes. In den beweideten Grasländern an den steinigen Hängen des Mittelmeergebietes wurden zahlreiche Gewürzarten entdeckt, die in der Küche auch Verwendung fanden. Im bekannten Kochbuch des Apicius, verfasst vermutlich kurz nach Christi Geburt, werden über achtzig verschiedene Gewürzkräuter genannt. Das häufigste davon war der Pfeffer, eine Pflanze, die nur in tropischen Wäldern wuchs und die auch in römischer Zeit sehr teuer war, weil die Pfefferkörner über weite Distanzen transportiert werden mussten. Dennoch fehlten die Körner in kaum einem Kochrezept.

In mittelalterlichen Klostergärten wurden zahlreiche Gewürzkräuter und Heilpflanzen angebaut, die man ebenfalls bereits aus römischer Zeit kannte (siehe Tafel 7). Man wollte sie auch nördlich der Alpen, wo sie nicht alle wildwachsend vorkamen, immer verfügbar haben: Wermut, Salbei, Kerbel, Odermennig und Fenchel. Der Reichenauer Mönch Walahfrid Strabo (807–849) schrieb darüber im 9. Jahrhundert und die heilige Hildegard von Bingen (1098–1179) dreihundert Jahre später. Klöster galten als «lebende Apotheken», in denen die Mönche und Nonnen behandelt wurden und auch Kranke, die sich hilfesuchend an die Klöster wandten. Zahlreiche Kranke wurden geheilt, und ihnen wurde das Leben verlängert. In den Gärten des Mittelalters gab es immer noch wenige reine Zierpflanzen. Die Klostergärten waren mit Lilien, Gladiolen und Rosen bewachsen. Sie waren der Jungfrau Maria gewidmet und auch Symbole des Ewigen Lebens. Denn wenn man Rosen schnitt, trieben sie wieder aus, und es ist so unwahrscheinlich nicht, dass Rosensträucher tausend Jahre alt wurden. Das gelang aber nur, wenn man die Rosen regelmäßig stutzte, so dass neue Triebe zum Vorschein kamen. Einige Baumarten wurden zu weiteren Symbolen des Ewigen Lebens. Man hatte die Erfahrung gemacht, dass man das Laub von Linden und Eschen immer wieder zweigweise abschneiden und als Viehfutter verwenden konnte. Man nennt diese Technik Schneitelung. Schneitelte man direkt nach dem Laubaustrieb, schlugen die Bäume danach erneut aus und nahmen eine besondere Wuchsform an: Ihre Kronen entwickelten sich zu einer dichten Kugel aus Laub. Heute gewinnt man nur noch selten Laubheu, pflanzt aber wegen ihrer symbolischen Bedeutung immer noch Linden und Eschen vor Kirchen und auf Friedhöfen. Sie werden auch in alter Weise regelmäßig geschnitten, so dass sie immer wieder neue belaubte Zweige hervortreiben. Solche Bäume hat man auf Grabsteinen abgebildet, oder man sieht sie auf bildnerischen Darstellungen der Kreuzigung Christi, häufig unter oder neben dem Kruzifix.

Auch die Bedeutung der Rose als Symbol des Ewigen Lebens ist noch durchaus präsent. Vor allem in Dänemark steht in vielen Orten eine Edelrose vor jedem Haus – in den kleinsten Gärten, die man sich denken kann: Sogar eine einzelne Rose hat einen Gartenzaun, nur für sich allein. Natürlich schneidet man sie regelmäßig, damit sie schöne Blüten trägt und Langlebigkeit zeigt. Ewig grünt und blüht das Immergrün: schon der Name soll das anzeigen. Aber tatsächlich: Immergrün findet man immer noch in der Nähe von Burgen aus dem Mittelalter, die längst zu Ruinen geworden sind. Als in ihnen noch das pralle Leben herrschte, pflanzte man Immergrün in den Burggarten. Und dort wächst es auch nach Jahrhunderten noch.

Auf Bildern des späten Mittelalters und der Renaissance werden immer wieder Marienblumen dargestellt, Pflanzen, die der Jungfrau

Maria und auch anderen Heiligen gewidmet waren. Auf der berühmten Darstellung des Paradiesgärtleins von Beginn des 15. Jahrhunderts, die ein Oberrheinischer Meister schuf und die im Staedelmuseum in Frankfurt hängt (siehe Tafel 11), findet man Vexiernelke, Goldlack, Levkoje, Schwertlilie, Stockrose oder Malve, Lilie, Schlüsselblume, Akelei, Immergrün, Veilchen, Erdbeere, Märzbecher, Pfingstrose, Maiglöckchen, Rose, Ehrenpreis und Salbei, wie die Kunsthistorikerin Lottlisa Behling (1909–1989) herausgefunden hat. In der Natur wird man alle diese Blumen niemals zur gleichen Zeit finden; einige blühen im Frühjahr, andere im Sommer. Aber im Garten ist alles zeitlos, ewig. Über jede Pflanze lässt sich eine Geschichte erzählen, wie sie zu ihrer Bedeutung als Marienblume kam. Bei einigen Gewächsen liegt das auf der Hand: Jedem leuchtet ein, dass die weiße Lilie Inbegriff der Reinheit ist. Die Schlüsselblume etwa, sonst auch dem heiligen Petrus als Attribut beigegeben, bekam ihre Bedeutung, weil ihr Blütenstand einem Schlüssel ähnelt und weil sie gewissermaßen den Jahreslauf des Blütenreigens aufschließt. Daher wird sie auch «Primel» (nach dem lateinischen «primus», dem Ersten) genannt. Besonders schön ist die Geschichte, die man sich von der Akelei erzählt. In ihren charakteristisch geformten Blüten erkennt man fünf Vögel, die die Köpfe zusammenneigen und die an ihren Flügeln verbunden sind. Die Römer erkannten fünf Adler und benannten die Pflanze nach Aquila, dem Adler, «Aquilegia» (siehe Tafel 3). Andere Betrachter der Blume verglichen die Vögel eher mit zarten und friedvollen Tauben, weshalb die Akelei auch zu einem Symbol des Heiligen Geistes wurde. Passenderweise blüht sie in vielen Jahren zu Pfingsten, dem Fest der Aussendung des Heiligen Geistes. Aber man kann sie mundartlich auch «Fünf Vögerl z'samm» nennen und die Frage offenlassen, welchen Vogel die wunderschöne Blüte darstellen soll.

Außer den kleinen intimen Gärten, die neben einem immer zum Garten gehörenden Zaun nur wenige Gegenstände, eine sparsame Möblierung gewissermaßen, aufwiesen, gab es in den folgenden Jahrhunderten auch große herrschaftliche Gärten, in denen es sowohl Architektur als auch Pflanzen zu sehen gab.

Der Italienische Garten ist typischerweise an einem steilen Abhang angelegt. Solche Landschaftsformen sind in den Mittelmeerländern verbreitet: Typisch sind die schroffen Hänge der Gebirge, die direkt ins Meer zu fallen scheinen. Der Italienische Garten ist selbstverständlich ein gestalteter Bereich; man soll aber nicht auf den ersten Blick erkennen, dass der Garten einen Zaun hat. Der Blick schweift weit auf die jenseits des Gartenzauns liegende, oft spektakuläre Landschaft, die nicht als Garten gestaltet wurde, aber dennoch zu ihm gehört. Zentraler Punkt eines Italienischen Gartens ist das Belvedere oder eine Terrasse, von der aus man Garten und Umgebung überblickt. Einer der berühmtesten Renaissancegärten Italiens ist der Garten der Villa d'Este östlich von Rom.

Auch in späterer Zeit wurden ähnliche Gärten in Italien angelegt, unter anderem im 19. Jahrhundert der Park der Villa Vigoni oberhalb des Comer Sees. Der Blick von der Terrasse der Villa, einem Belvedere vergleichbar, geht über den Park hinweg, in dem neben Zypressen schirmförmige Pinien gepflanzt sind. Zum Park dazu gehört die Landschaft mit den häufig schneebedeckten Berggipfeln der Südalpen und der Halbinsel von Bellagio inmitten des Comer Sees, dessen blaue Farbe an die des Mittelmeers erinnert. Frostempfindliche Pflanzen gedeihen die meiste Zeit des Jahres über in Töpfen; sie werden nur bei seltenem Frost in Orangerien gebracht oder durch Abdecken geschützt.

Vor allem in Norditalien schuf der Architekt Andrea Palladio (1508–1580) in Anlehnung an antike Vorbilder im 16. Jahrhundert einen neuen Landhausstil. Seine zahlreichen Villenbauten (und diejenigen von weiteren Architekten, die sich an Palladios Kreationen orientierten) lagen möglichst auf Anhöhen, von denen man die Aussicht auf einen Garten in der Nähe und die weiter entfernte Landschaft genießen konnte. Die Villen hatten zum Teil adelige Besitzer, zum Teil gehörten sie auch reichen Privatleuten, Kaufleuten oder Bankiers.

Der formale Garten in Frankreich, der Französische Park, kann als eine Weiterentwicklung der Idee des Italienischen Gartens aufgefasst werden. Sehr große Parkanlagen entstanden im 17. Jahrhundert; eine

Variante davon sind die Niederländischen oder Holländischen Gärten. Im Unterschied zu den Italienischen Gärten entstanden sie in der Ebene. Vorbild für viele ähnliche Anlagen wurde der Park von Versailles, westlich vor den Toren von Paris gelegen. Während ein Französischer Park im trockenen Gelände angelegt wurde, wurden bei einem Holländischen Park Wasserwege mit in die Anlage einbezogen. Holländische Gärten waren nicht nur königliche Gärten, sondern auch Parks reicher Privatleute, die im 17. Jahrhundert, im «Goldenen Zeitalter» der Niederlande, zu großem Wohlstand gelangt waren. Sie bauten ebenso wie in Italien Villen im Stile Palladios mitten in ihre Gärten.

Was Ludwig XIV. (1638–1715), der Sonnenkönig, in Versailles geschaffen hatte, wünschten auch andere europäische Herrscher zu besitzen: repräsentative Sommerresidenzen inmitten von formalen Gärten vor ihrer jeweiligen Residenzstadt. Beispiele dafür sind Sanssouci vor Berlin, Pillnitz vor Dresden, Oranienbaum vor Dessau, Mannheim und Schwetzingen vor Heidelberg, Karlsruhe vor Durlach, Ludwigsburg vor Stuttgart sowie Nymphenburg und Schleißheim vor München. Eine der ältesten Anlagen nach französischem und niederländischem Muster ist der Große Garten von Herrenhausen vor Hannover. Die formalen Gartenanlagen haben französische Vorbilder, die Einbeziehung von Wasser in die Anlage des formalen Parks verweist aber auf eine Verwandtschaft zu den niederländischen Gärten.

Die großen Parkanlagen sind künstlerische Leistungen. Nach allem Chaos der Kriegszeiten in der ersten Hälfte des 17. Jahrhunderts muss es auf die Zeitgenossen besonders faszinierend gewirkt haben, dass man in den Gärten alle Pflanzen so pflegte, dass sie unverändert erhalten zu bleiben schienen. Alle Gehölze wurden jedes Jahr geschnitten, alle Hecken aus Pflanzenarten hatten dauerhaften Bestand, man pflanzte Holzgewächse, von denen man aus Erfahrung wusste, dass sie nach dem Schnitt wieder austrieben: Linden wurden zum Beispiel würfelförmig geschnitten, Hecken Französischer Gärten bestehen aus Hain- oder Hagebuchen, die wegen ihrer Verwendung in Hecken sogar ihren einen Namen erhalten haben, Eiben schnitt man in Kegelform, die Beete sind von Buchsbaum eingefasst. Das ist bereits das ganze Inventar von Gewächsen, die dauerhaft in einem Französischen Garten zu sehen sind. Die Buchsbaumrabatten umschlossen aber bunte Beete, deren Bepflanzung man im Jahreslauf veränderte. Sie machen den wahren Abwechslungsreichtum des Gartens auch heute noch aus. Die Rabatten hatten noch eine wichtige Funktion: Sie verhinderten, dass sich die Vegetation der Blumenbeete in die Umgebung ausdehnen konnte. Beete blieben strikt begrenzt.

In den Gärten und Parks blieb es aber nicht dabei, dass allein Ordnung und Stabilität demonstriert werden sollten. Nach dem Siebenjährigen Krieg (1756–1763) wurde der Englische Garten zum Ideal der Gartengestalter. Er sollte auch von Freiheit und Natürlichkeit zeugen. Dennoch konnte man selbst einen solchen Garten nicht der Natur überlassen, weil er sich dann unkontrolliert entwickelt hätte. Auch im Englischen Landschaftsgarten sind also alle Strukturen genau nach einem einheitlichen Muster gepflegt. Es gab exakt konstruierte Blickachsen zwischen den Bäumen, und die Pflanzen mussten so geschnitten und arrangiert sein, dass sie eine genaue, aber für den Besucher nicht auf den ersten Blick sichtbare Ordnung aufwiesen. Ein gutes Beispiel dafür sind die Wörlitzer Anlagen im Gartenreich Dessau-Wörlitz. Besonders kunstvolle Blickachsen im Park leiten den Blick des Beschauers zugleich auf die christliche Kirche und die jüdische Synagoge hin. Diese Aussicht ist weltberühmt als sogenannter Toleranzblick. Beide Bauwerke sollen aber aus der Ferne halb verdeckt sein. Es ist klar, dass die Bewahrung solcher Anlagen eine besondere Herausforderung an Gartengestalter und das Personal ist, das die Strukturen erhält. Die Pflanzen müssen regelmäßig so geschnitten werden, dass sie genau den Teil der Bauwerke freigeben, der dafür von seinen Gestaltern und Besitzern vorgegeben war.

Aus klimatischen Gründen pflanzte man nördlich der Alpen keine Pinien und Zypressen. Anstelle der Pinien nahm man die weniger empfindlichen Schwarzkiefern, schnitt ihnen aber die unteren Äste ab, so dass sie eine ähnliche schirmförmige Krone wie ihre Vorbilder am Mittelmeer bekamen. Anstelle von Zypressen verwendete man

Säulenpappeln. Sie sollten auf besondere Orte hinweisen, außerdem wurden Grabdenkmäler damit bepflanzt. In Wörlitz umgeben sie die berühmte Nachempfindung des Rousseau-Grabs. In anderen Orten nahm man Säuleneichen, um Zypressen nachzuahmen.

In Landschaftsparks wurden zahlreiche Bäume aus aller Welt gepflanzt. Kamen sie aus Amerika, waren sie – vor allem nach der Erlangung der amerikanischen Unabhängigkeit im Jahr 1776 – Symbole der Freiheit. Stammten sie aus Ostasien, fühlte man sich an die geheimnisvolle Welt Chinas und Japans erinnert. Die von dort kommenden Orangen und Zitronen mussten allerdings – wie zahlreiche andere Topfpflanzen – im Winter in der Orangerie untergebracht werden. Der damit verbundene Aufwand wurde nicht gescheut. Zu wichtig war es den Gartenbesitzern, wenigstens für ein paar Monate im Jahr den sonnigen Süden in den Norden zu holen.

Felder sind der ältere Typ von Pflanzenanbauflächen. Gärten kamen erst später hinzu. Doch man malte sich das immer wieder anders aus. In den Träumen der Betrachter gab es zuerst einen angenehmen Garten Eden mit vielen bunten Blumen und dann erst die Plackerei des Bauern auf dem Feld. Das ist eine schöne Idee, wer wollte ihr widersprechen? Aber so war es in der Realität nicht. Jahrtausendelang hatten diejenigen, die Pflanzen anbauten, um von ihren Produkten zu überleben, derart viel damit zu tun, dass für Gartenarbeit keine Zeit blieb. Damit befassten sich nur die Städter. Und noch in jüngster Zeit gab es direkt am Bauernhof keinen Garten, weil um das Haus herum Haustiere liefen. Rinder und Ziegen kamen aus dem Stall oder wurden dorthin eingetrieben. Was hätten sie für einen Schaden an Beerensträuchern, Gemüsebeeten und bunten Blumen angerichtet, die sie nicht unbeachtet stehen lassen, sondern rasch abfressen würden. Pickende Hühner und anderes Geflügel war und ist zum Teil auch heute noch überall präsent auf einem Bauernhof. Ein Nutzgarten in der Anlage eines Bauernhofes ist daher vom Haus ein Stück weit abgesetzt, er muss von einem Zaun umgeben und die Gartenpforte immer fest verschlossen sein, damit Geflügel und besonders gefräßige Ziegen keinen Zugang zu den Nutzpflanzenkulturen haben.

Hinter dem Gartenzaun

Bis heute findet man an vielen Bauernhöfen keine Blumengärten, und der «traditionelle Bauerngarten» ist ebenso eine Fiktion wie die schöne Geschichte, dass alle bunten Blumen und alle anderen Lebewesen aus einem Paradies oder einem Garten Eden stammen. Der älteste Garten, der angeblich einem «Bauerngarten» nachempfunden wurde, entstand im Jahr 1913 im Botanischen Garten «Planten un Blomen» in Hamburg. Auch der war zweifellos hübsch, aber es ist historisch unrichtig, seinem Ursprung ein hohes Alter zuzuweisen.

Neben dem bunten Blumengarten, der von vielen Menschen geschätzt wird, entwickelte sich eine weitere besondere Form: Es ist der Rasen des bürgerlichen Gartens, der unter dem Regiment des Rasenmähers steht. Dort werden Lolch und Einjähriges Rispengras, Kriechender Hahnenfuß, Braunelle, Ehrenpreis, Weißklee und Gänseblümchen regelmäßig kurz gehalten. Nach dem Schnitt treiben sie rasch erneut Blätter und Blüten oder Blütenstände. Und diese kleinen Gewächse können sich in großer Zahl vermehren, weil andere, höher aufwachsende Pflanzen dort nicht überdauern, wo regelmäßig ein Rasen kurz gehalten wird. Vom Gänseblümchen weiß man, dass es vor Jahrhunderten eine seltene, geschätzte Gartenpflanze war, die auch manchmal zu den Gewächsen gerechnet wurde, die der Jungfrau Maria gewidmet waren. Daher hat es auch den Namen Maßliebchen, und in der wissenschaftlichen Terminologie erhielt es den Gattungsnamen Bellis – wegen seiner Schönheit, die man heute kaum beachtet, wenn man die zahlreichen Korbblütler mit ihren gelben Scheiben- und weißen Zungenblüten auf den Rasenflächen sieht. Von manchen Ehrenpreis-Arten kennt man sogar die genauen Daten, wann sie aus Botanischen Gärten, in denen sie als Besonderheiten gehalten wurden, «entkamen» und zu weit verbreiteten Gewächsen der Rasenflächen wurden.

17
Vegetation ohne Grenzen

Jede Vegetationskarte vermittelt den Eindruck, dass überall auf der Welt ebenso strikte Grenzen existieren wie an den Zäunen eines Gartens oder dort, wo Wald an offenes Land stößt, Laub- an Nadelwald grenzt, eine Wüste an eine Oase. In der Realität bestehen solche Grenzen aber nur dann in der dargestellten Klarheit, wenn von Pflanzen bewachsenes Land von außen her zerstört wird, wenn also Küsten unter dem Einfluss des Meeres zurückweichen oder Weideland an einem Waldrand durch einen Zaun abgetrennt ist, so dass die Tiere alle Gehölzpflanzen auf ihrer Weide, aber nicht außerhalb davon zerstören. Überall sonst ist die Vegetation von sanften Übergängen und nicht von deutlichen Grenzen geprägt. Wo immer das möglich ist, breiten sich sofort Pflanzen auch jenseits eines Zauns aus.

Dennoch brauchen wir die Vegetationskarte mit ihren abstrakten, gedachten Grenzen, um Landschaft und ihre Vegetation erklären zu können. Gradienten oder allmähliche Übergänge lassen sich auf der Karte kaum so darstellen, dass dies dem eigentlichen Zweck einer Landkarte dient (siehe Tafel 9).

Ganz allgemein können wir auf der Erde drei Wald- und vier Offenlandgürtel unterscheiden. Sie bilden Großlebensräume oder Biome der Erde. Ein ausgedehnter Waldgürtel befindet sich am Äquator. Das ist der Bereich des immergrünen Tropischen Regenwaldes, in dem es keine Jahreszeiten, stets reichlichen Regen und niemals Frost gibt. Ein weiterer breiter und weithin geschlossener Waldgürtel befindet sich auf der Nordhalbkugel der Erde, der Boreale Nadelwald, der sich sowohl über den Norden Eurasiens als auch den Norden Nordamerikas ausdehnt.

Man bezeichnet ihn in Eurasien auch als Taiga. Im Westen Europas, im Osten Asiens und im Osten Nordamerikas grenzt der Nemorale Laubwald südlich an den Borealen Nadelwald. Nemoralen Laubwald gibt es nur in Meeresnähe, in einem relativ regenreichen, milden Klima. Im Inneren der Kontinente aber ist es zu trocken für eine Entwicklung von Laubwald. Ein drittes Waldgebiet, das man mit den Laubwäldern auf der Nordhalbkugel vergleichen kann, ist nur kleinräumig auf der Südhalbkugel der Erde ausgebildet, und zwar an den Südspitzen von Südamerika, Afrika und Australien unter Einschluss von Neuseeland. Dort gibt es in einem Bereich, in dem Wälder wachsen können, nur diese wenigen, kleinen Landregionen inmitten der Ozeane.

Während im Tropischen Regenwald die Vegetationsentwicklung das ganze Jahr über anhält und die Lebenswelt von keiner Saisonalität der Jahreszeiten geprägt ist, gibt es sowohl in den äußeren Tropen als auch in den Borealen und Nemoralen Wäldern deutlich ausgeprägte Jahreszeiten mit Phasen des Wachstums und der Vegetationsruhe.

Außer den drei Waldgürteln befinden sich vier Vegetationsgürtel auf der Erde, die fast vollständig unbewaldet oder nur licht von Gehölzen bestanden sind. Nördlich und südlich der Tropischen Regenwälder dehnen sich tropische Savannen aus, die umso weniger Bäume aufweisen, je weiter sie vom Äquator entfernt sind. In der Savanne gibt es Regen- und Trockenzeiten. Die Regenzeiten treten alljährlich zur etwa ähnlichen Zeit ein, nämlich wenn die Sonne im Zenit steht: Auf der Nordhalbkugel ist dies um den Monat Juni herum der Fall, auf der Südhalbkugel etwa im Dezember.

In den an die Tropen grenzenden Subtropen gibt es keine regelmäßigen Niederschläge. Auf der Nordhalbkugel dehnen sich in diesen Breiten die größten Trockengebiete der Erde mit weiten Wüsten aus. Dazu gehört vor allem die Sahara im Norden Afrikas. Im Osten grenzt daran die arabische Wüste. Ferner gibt es ausgedehnte subtropische Wüsten in Amerika. Auf der Südhalbkugel haben die Wüsten größere Ausdehnung als die Waldgebiete, weil sich in den Trockenregionen größere Kontinentalmassen befinden: die Kalahari im Süden Afrikas sowie die Wüsten Südamerikas und Australiens.

Die subtropischen Wüsten grenzen an weitere regenarme Steppen- und Wüstengebiete im Inneren der Kontinente Asien und Amerika. Die sehr unregelmäßigen Niederschläge in diesen Regionen – oft regnet es jahrelang nicht – haben zur Folge, dass über viele Jahre hinweg so gut wie keine Vegetation zu sehen ist. Wenn es aber geregnet hat, kommen plötzlich viele Pflanzen zum Vorschein, die dort lange vorhanden waren, bei der extremen Trockenheit aber nicht zur Keimung kamen. Sie entwickeln sich sehr schnell, bilden Blüten und Samen aus. So rasch, wie sie gekommen sind, verschwinden sie auch wieder, wenn der Regen aufhört.

Trockenheit prägt auch die beiden anderen Offenlandgürtel der Erde, und zwar in den arktischen Breiten Europas, Asiens und im Norden Amerikas sowie in der Antarktis im Süden des Kontinents. Die niedrigen Temperaturen lassen das Wasser gefrieren, so dass es für Pflanzen und Tiere nicht verfügbar ist. Frosttrocknis prägt die Kältewüsten.

Die Vegetationsgürtel verlaufen nicht alle um die gesamte Erde herum, und in manchen Regionen sind sie unter dem Einfluss von Meeresströmungen nach Norden oder Süden verschoben.

So wie heute sah die Welt keineswegs immer aus. Durch die Kontinentalverschiebung bewegten sich die Landmassen über die Erdoberfläche und wurden immer wieder auf andere Weise von den Weltmeeren umgeben. Die meisten Kontinentalmassen lagen einmal als sogenanntes Gondwana-Land auf der Südhalbkugel. In der Tendenz schoben sich im Lauf der Kontinentalverschiebung weite Teile davon allmählich nach Norden, so dass heute die überwiegende Menge der Landbereiche der Erde auf der Nordhalbkugel verortet ist. Eurasien bildet die größte Kontinentalmasse der Gegenwart. Auf ihrem Weg passierten die Kontinentalschollen den Äquator; dann befanden sie sich unter dem Einfluss eines tropischen Klimas, und es bildeten sich immergrüne Wälder. Als die Steinkohlewälder bestanden, lag Mitteleuropa am Äquator. Später driftete der Kontinent aus der tropischen Zone wieder hinaus.

Wälder der Tropen sind im Prinzip sehr alt, auch wenn immer

wieder andere Bäume darin zur Dominanz kamen. Es entwickelten sich zahlreiche Pflanzenarten, weshalb Tropische Regenwälder heute zu den artenreichsten Ökosystemen gehören. Die Wälder der gemäßigten Breiten entstanden erst später, als es Bäume auf der Erde gab, in deren Stämmen zeitweise sehr viel Wasser transportiert werden konnte, während zu anderen Jahreszeiten auch enge Wasserleitbahnen genutzt werden mussten, in denen Kapillarkräfte geringe Wassermengen festzuhalten vermochten. In den Jahrmillionen, in denen die Laub abwerfenden Wälder der Nordhalbkugel den heutigen immer ähnlicher wurden, nahmen die Temperaturen auf einigen Kontinentalschollen ab: In Teilen von Eurasien und Nordamerika gab es wahrscheinlich immer häufiger Frost, wodurch immer mehr tropische und subtropische Gewächse so stark geschädigt wurden, dass sie auf diesen Kontinenten ausstarben. Sommergrüne Bäume, die in der kalten Jahreszeit keine Blätter trugen, übernahmen immer stärker die Vorherrschaft.

In der geologischen Epoche des Quartärs, des Eiszeitalters, nahmen die Laub- und Mischwälder der diversen gemäßigten Zonen der Erde ein unterschiedliches Aussehen an. Wenn die Temperaturen um etwa zehn Grad abnahmen und sich Gletscher aus dem Norden weit in den Süden vorschoben, starben die Wälder der gemäßigten Zonen der Erde weitgehend aus. Beispielsweise verschwanden sie aus dem gesamten Gebiet nördlich der Alpen. Nur im Süden ihrer Wuchsgebiete, in sogenannten Eiszeitrefugien, die in Europa am Mittelmeer gelegen waren, überlebten etliche Individuen dieser Baumarten. Aber die Zahl der Individuen einzelner Baumarten nahm derart stark ab, dass ein großer Teil der genetischen Vielfalt der Arten verloren ging. Es fehlten namentlich diejenigen, die sich in gerichteter Evolution nach dem Ende einer Eiszeit wieder nach Norden ausbreiten konnten. Diese Pflanzenarten waren in ihrem Ausbreitungsvermögen anderen unterlegen; sie starben in Europa aus. Ungünstig wirkte sich dabei auch aus, dass die Alpen wie ein Riegel quer über dem Kontinent liegen und es nur wenige Wege von Süd nach Nord gibt, auf denen Pflanzenarten größere Wuchsgebiete einnehmen können. In Nordamerika und Ostasien wirkten sich die Kälteeinbrüche weniger ungünstig aus. Die Refugien im Süden waren größer, mehr Individuen überdauerten die kalte Zeit und es kam nicht zu einer vergleichbaren Verarmung an genetischer Vielfalt. Als es wieder wärmer wurde, breiteten sich die Baumarten entlang von Gebirgen von Süd nach Nord aus. Kein Gebirgsriegel versperrte ihnen den Ausbreitungsweg. Daher kommen Magnolie, Flügelnuss, Sumpfzypresse, Platane und andere Gehölzpflanzen heute noch in Ostasien oder Nordamerika oder in beiden Regionen vor, nicht aber in Europa, wo sie am Beginn des Eiszeitalters ebenfalls verbreitet gewesen waren. Die in Mitteleuropa ausgestorbenen Baumarten können aber hierzulande aus physiologischen Gründen wachsen: Das zeigt sich in vielen Parkanlagen und auch in Wäldern Europas, wohin Menschen die Pflanzen aus Asien oder Nordamerika wieder gebracht haben. Natürlicherweise sind aber die Laubwälder Europas besonders artenarm geworden. In ihnen gedeihen weniger Pflanzenarten als in tropischen Wäldern oder in den Gehölzen entsprechender Breiten in China und Japan sowie in Nordamerika.

Weitgehend immergrün sind die ausgedehnten Nadelwälder, die es nur auf der Nordhalbkugel gibt. Sie blieben während des Eiszeitalters auch weit im Norden Sibiriens erhalten, weil sich dorthin keine Gletscher ausbreiteten. Nur die Lärche wirft ihre Nadeln im Winter alle zeitgleich ab. Andere Nadelbaumarten verlieren ihre Nadeln zwar auch, aber nicht unbedingt zu einer bestimmten Jahreszeit. Die Nadelwälder werden aber genauso von Jahreszeiten geprägt wie die Laubwälder, die weiter südlich an sie grenzen. Insgesamt haben tropische und von Jahreszeiten geprägte Wälder kaum mehr gemeinsam, als dass es sich bei ihnen um ausgedehnte Baumbestände handelt. Am Äquator wachsen völlig andere Pflanzenarten als in den höheren Breiten der Erde, in den gemäßigten Zonen.

Betrachtet man Ökosysteme, so muss man zwischen zonalen oder klimazonalen Bereichen und der Vegetation extrazonaler und azonaler Bereiche unterscheiden. In Mitteleuropa bilden vor allem die Rotbuche, die Stiel- und die Traubeneiche die zonale Vegetation. Sie entwickeln sich unter den derzeitigen Klimabedingungen am besten. In Südeuropa, beispielsweise im Apennin und in den Pyrenäen, kommt die Buche nur in höheren Lagen vor. Zonal (in den Tieflagen) sind dort mittelmeerische Baumarten, beispielsweise immergrüne Steineichen, von Natur aus verbreitet. Die Buche wächst dort nur außerhalb ihres zonalen Verbreitungsgebietes in einem extrazonalen Bereich. Interessanterweise sind aber die extrazonalen Buchenwälder Südeuropas älter und artenreicher als die zonalen Buchenwälder Mitteleuropas. Man kann also die extrazonalen Wälder nicht aus zonalen Wäldern ableiten; ursprünglicher und älter ist die Buche als ein Teil der extrazonalen Vegetation in den Gebirgen der Mittelmeerländer. Sie breitete sich erst in diejenigen Regionen aus, die wir heute für zonal halten.

Extrazonale Vegetation findet sich auch innerhalb des zonalen Buchenwaldgebietes in Mitteleuropa, dazu gehören zum Beispiel submediterrane Wälder aus Flaumeichen am Kaiserstuhl in Südbaden. In ihrem Unterwuchs blüht der Diptam. Eigentlich sind solche Wälder für Randgebiete des Mittelmeeres typisch und dort zonal ausgebildet. Ähnliche Wälder wie am Kaiserstuhl kommen beispielsweise in Burgund und in der Provence vor. Extrazonal verbreitet innerhalb des Buchenwaldgebietes sind auch Vegetationselemente aus der nördlich angrenzenden Borealen Nadelwaldzone, etwa Fichtenwälder auf dem Brocken im hohen Harz.

Außerdem gibt es in jedem Großlebensraum der Erde auch azonale Ökosysteme, deren Entstehungen nicht nur auf klimatische, sondern auch auf besonders bestimmende andere Einflüsse zurückzuführen sind. Diese Ökosysteme sind oft kleinräumig innerhalb des Verbreitungsgebietes eines zonalen Bioms zu finden.

Das gilt im besonderen Maße für die Ökosysteme verschiedener Höhenstufen der hohen Gebirge der Erde. In den Alpen unterscheidet man: eine nivale Stufe, die fast das ganze Jahr über von Schnee bedeckt ist, eine nicht durchgehend von Schnee bedeckte subnivale Stufe mit einzelnen Polsterpflanzen, die alpine Stufe mit offener Vegetation, die aber nahezu flächendeckend ausgebildet ist, und eine (hoch-)montane Stufe mit Wäldern. Man kann alle diese Ökosysteme mit denen arktischer Breiten gleichsetzen. Dann ist die montane Stufe eine extrazonale Entsprechung zum Borealen Nadelwald, die alpine und die subnivale Stufe eine extrazonale Parallele zur baumlosen Tundra, und die Zone des ewigen Schnees, die nivale Stufe, wäre eine extrazonale Entsprechung zum arktischen bzw. antarktischen Schneegürtel. Man kann diese Parallelen ziehen, und sie wurden auch herausgestellt, als man im 18./19. Jahrhundert die Höhenstufen der Gebirge auf der Welt zusammenstellte. Doch gibt es in der hochmontanen Stufe auch andere Wälder als in Borealen Nadelwäldern (z. B. Buchen in den Südalpen). Und die Ökosysteme der Hochlagen sind auf der ganzen Welt vergleichbar, aber nicht immer und überall mit arktischen Ökosystemen.

Die Höhenstufen der Gebirge wurden im 18. Jahrhundert zuerst in den Alpen beobachtet und beschrieben. Waldfreie Gebiete oberhalb der Waldgrenze bezeichnet man seitdem als «alpin», wobei es gleichgültig ist, ob man damit Ökosysteme der Alpen oder eines anderen Hochgebirges der Erde meint. Und man spricht von Pflanzen, die arktisch-alpin verbreitet sind, also sowohl in nördlichen, polnahen Regionen als auch in großen Höhenlagen. In der darunter liegenden alpinen Stufe findet man eine geschlossene Vegetationsdecke aus überwiegend krautigen Pflanzen, die die artenreichen Bergwiesen und -weiden bilden. In ihnen wachsen keine Bäume.

Ganz andere Formen azonaler Ökosysteme gibt es an Gewässern. Am Ufer von Seen ist zum Beispiel ein Schwimmblattgürtel ausgeprägt. Die maximale Wassertiefe dort beträgt etwa zwei Meter, bei größerer Wassertiefe reißen unter dem Einfluss des Windes die Schwimmblätter ab, im flacheren Wasser entwickelt sich Röhricht. Am Spülsaum der Gewässer sammeln sich besonders viele Mineralstoffe an, daher können dort besonders hohe Schilfpflanzen wachsen. Auf etwas trockenerem Boden stehen Gehölzpflanzen, zum Beispiel Weiden. An Flüssen sind Auen ausgebildet, die überschwemmt werden können. In Flussnähe kommt es häufig zu Überflutungen durch fließendes Wasser, das dabei oft noch eine starke Strömung entwickelt.

Nur grobes Material (Schotter, Sand) wird sedimentiert, typische Pflanzen sind verschiedene Arten von Weiden. Man bezeichnet diese azonalen Ökosysteme als Weichholzaue. Die durch Hochwasser, Eisgang oder auch Biber abgerissenen Weidenstämme treiben rasch erneut aus. Die höher gelegene Hartholzaue wird seltener überflutet, meistens nicht von stark strömendem Wasser. An den Rändern der Fluten bilden sich Spülsäume, in denen besonders viele Mineralstoffe abgelagert werden. Die vielfältigen Mineralstoffe einer Hartholzaue lassen Eichen, Ulmen, Linden und die Esche gut wachsen.

Zahlreiche weitere azonale Ökosysteme entwickelten sich an Felsen oder in Mooren, es gibt Erlenbruchwälder und Galeriewälder an Bächen, Quellfluren, Salzwiesen und Dünen. Viele dieser Ökosysteme sind auf Kleinräume begrenzt. Sie können in den Bereichen mehrerer zonaler Ökosysteme vorkommen: Moore sehen in der Borealen Nadelwaldzone oft sehr ähnlich aus wie in der Laubwaldzone. Salzwiesen sind im Mittelmeergebiet ähnlich ausgebildet wie an der Nordseeküste. Daran zeigt sich: Azonale Ökosysteme sind nicht so stark wie zonale oder extrazonale an das Klima gebunden, sondern ihre Entstehung hängt oft von speziellen ökologischen Gegebenheiten ab.

Azonale Ökosysteme gibt es innerhalb von jedem zonalen Gebiet. In den Trockengebieten der Erde ändert sich der Charakter der Landschaft lokal sofort, wenn Wasser verfügbar ist, entweder durch Quellen oder durch Flüsse, die das Trockengebiet durchqueren. An Quellen bestehen Oasen mit üppiger Vegetation, willkommene Rastplätze für Karawanen. Dort können Kamele und verwandte Tiere große Wasservorräte aufnehmen, die sie erst nach und nach für ihre Körperfunktionen nutzen, während sie für viele Stunden keine weitere Wasserquelle passieren. An den Flüssen bestehen sogenannte Galeriewälder, die sich nur dort entwickeln können, wo der Grundwasserspiegel vom Fluss gespeichert wird. Kommen die Flüsse aus den äußeren Tropen mit ihren Regenzeiten, führen sie zu bestimmten Jahreszeiten sehr viel Wasser, das dann auch über die Ufer treten kann und die Entwicklung von Vegetation in den überschwemmten Bereichen und auch dann ermöglicht, wenn sich das Hochwasser zurückgezogen hat.

Das ist das Geheimnis der Wasserführung und der Fruchtbarkeit am unteren Nil, das Anlass zu vielen Forschungsreisen gab und dessen genaue Ursachen erst in den letzten Jahrhunderten herausgefunden wurden.

Wichtige azonale Ökosysteme der Tropen und Subtropen sind Mangroven, die in den Gezeitenzonen an den Meeresküsten und am Unterlauf von Flüssen, in den sogenannten Ästuaren, ausgebildet sind. Nur sehr wenige Baumarten können in diesen faszinierenden Ökosystemen gedeihen. In ihrem Wurzelraum wechseln die Wasserstände stark, mal ist es trocken, mal stehen die Bäume im Wasser, und es kann nur wenig Sauerstoff in den Wurzelraum eindringen. Zudem ist das Wasser salzhaltig, und in einem solchen Milieu können sowieso nur wenige Kormophyten existieren. Die Bäume der Mangrove sind die einzigen großen Holzgewächse der Erde, die Salz an ihren Wuchsorten ertragen können. Immer wieder werden Pflanzen bei Hochwasser und Sturm abgerissen; wie schwierig es für Jungpflanzen ist, sich in der Mangrovenzone festzusetzen, wurde bereits beschrieben.

Viele azonale Ökosysteme zeichnen sich durch eine enorme Biodiversität aus. Sie stehen wegen der Besonderheiten ihrer Erscheinungsbilder und der dort vorkommenden Arten unter Naturschutz. Zonale Ökosysteme hält man oft für das «Normale», azonale und auch extrazonale Ökosysteme für das «Besondere». Aber ist dies ein Argument, vor allem die Besonderheiten zu schützen und nicht das, was in gewissen Breiten allgemein verbreitet ist?

18

Wachstum und Wandel

Wenn davon die Rede ist, dass eine Pflanze an einem bestimmten Ort wächst, etwa im Wald oder auf einer Wiese, so hat das
anscheinend eine doppelte Bedeutung. Der Satz könnte sowohl bedeuten, dass die Pflanze größer wird, als auch, dass sie an einem Ort
einfach nur vorkommt. Doch keine Pflanze «kommt nur vor» oder
«steht nur», sondern sie wächst auch immer. Daher hat die Feststel-
lung, dass eine Pflanze wächst, eben doch keine doppelte Bedeutung.
Der Betrachter macht sich lediglich nicht klar, dass jede Pflanze, die er
stehen sieht, auch an Größe zunimmt. Die Pflanze ist zwar immer
willenlos, sie muss aber immer wachsen; sie kann sich nicht dafür oder
dagegen entscheiden. Das Wachsen ist weder ein aktiver noch ein passiver Vorgang. Eine Pflanze, die nicht wächst, ist tot.

Einzellige Algen vermehren sich durch Teilung, Gefäßpflanzen
werden immer größer, ihre Zellen teilen sich in den meristematischen
Zonen, und die Zellen strecken sich: Sie wachsen an allen Enden, an
den Wurzelspitzen, an den Sprossspitzen, an den Blattspitzen, auch die
Stämme eines Baumes werden ständig dicker. Es erscheinen Blüten,
und die Samen und Früchte wachsen heran. All dieses Wachstum wird
durch die Fotosynthese ermöglicht, durch die Entstehung von Zucker
aus einfachen anorganischen Komponenten, danach kommt es zur
Umformung von wasserlöslichem zu wasserunlöslichem Zucker. Alle
Organismen auf der Erde sind von dieser unglaublichen Syntheseleistung der Pflanzen abhängig: Nicht nur die Pflanzen selbst wachsen,
sondern auch Tiere, Menschen und Pilze profitieren von den Stoffen,

die Pflanzen aufbauen. Noch ist das selbstverständlich so. Aber wird es eines Tages möglich sein, organische Stoffe unter Nutzung einer künstlichen Fotosynthese im Labor zu erzeugen? Dann käme den Pflanzen nicht mehr die alleinige Aufbauleistung organischer Substanz zu.

Durch die Syntheseleistung der Pflanzen vermehrt sich auch organische Materie, die nicht als Nahrung dient, solange sie nicht durch physikalische Einflüsse oder andere Organismen zerstört wird. Ein Beispiel: Im Schlickwatt wachsen die Kieselalgen immer weiter, teilen sich, mineralische Partikel bleiben an ihren Schleim- oder Biofilmen hängen, mit denen sie die gesamte Fläche des von Tiden beeinflussten amphibischen Raumes überziehen. Nur ein Sturm kann die Brandung und die Strömungen derart stark anpeitschen, dass sie eine Rinne in den Schlick reißen, so dass das Aufbauwerk der Algen zerstört wird. Und Wattschnecken «weiden» die Diatomeen ab, nutzen sie als Nahrung. Auch davon geht Zerstörung aus. Dennoch: Insgesamt werden die Watten mächtiger, ihre Oberfläche erhöht sich.

Absterbende Pflanzenteile an Seeufern werden am Grund des Sees abgelagert, auch Kalkschalen und Stoffe, die in den See eingespült wurden. Mit der Zeit verlandet der See; in seinen Sedimenten werden organische Substanzen eingeschlossen, die dort gespeichert werden. Die Tatsache der Verlandung beweist eindrucksvoll, dass es keine dauerhaften oder nachhaltigen Lebensbedingungen für Tiere und Pflanzen gibt, die im und auf dem Wasser leben. Böden mit ihren Humusstoffen sind große Speicher von organischer Substanz, und sie sind letztlich auf die Synthese durch Pflanzen zurückzuführen. Fast reine organische Substanz sammelt sich in den Sümpfen und Mooren. Seggen eines Niedermoores werden nach dem Absterben nicht zersetzt, weil der Torf, die Ablagerung der Moore, ständig nass ist. Es dringt zu wenig Sauerstoff in den Torfboden ein, so dass Mikroorganismen die toten Pflanzenteile nicht abbauen können. Bakterien waren dazu schon nicht in der Lage, als die Baumstämme der Karbonzeit in den Sumpf gestürzt waren, die viele Millionen Jahre später zu Steinkohle wurden.

Besonders lebensfeindliche Bedingungen für Mikroorganismen bestehen im Hochmoortorf, der aus abgestorbenem Torfmoos besteht. Torfmoos wächst immer weiter nach oben und scheidet zahlreiche Wasserstoff-Ionen aus. Die Moospflänzchen benötigen – wie alle Gewächse – die im Hochmoor besonders raren Mineralstoffe, um Fotosynthese betreiben zu können. Sie sind dort viel weniger reichlich verfügbar als auf einem mineralischen Boden. Magnesium oder Kalium müssen aus mehreren Metern Tiefe an die Oberfläche des Moores geholt werden; dazu werden sehr viele Wasserstoff-Ionen gebraucht, die den Torfkörper gehörig ansäuern. In einem dauernd feuchten, dazu auch noch stark sauren Milieu können Mikroorganismen nicht existieren und keine Pflanzenteile zersetzen. Die Oberfläche eines Hochmoores wächst insgesamt in die Höhe, wobei es sich uhrglasförmig wölbt. Die Würzelchen der Torfmoose und die unteren Teile der Stämmchen und Blättchen werden von den Säuren zerfressen, aber die organische Materie bleibt in Form von Torf bestehen. Andere Gewächse, die vom Torfmoos überwuchert werden oder die von den Rändern des Moores in den Torf stürzen, bleiben konserviert erhalten. Die Mikroorganismen vermögen auch sie nicht zu zersetzen.

Überall stehen die Pflanzen nicht nur, sie wachsen auch, freilich willenlos. Einzelne Pflanzen oder auch ganze Pflanzenbestände werden, wenn sie dort absterben, wo Sauerstoff verfügbar ist, natürlich auch abgebaut. Selbst in temporär bestehenden Wäldern ist immer eine enorme Menge an organischer Substanz gespeichert. Und wenn ein Baum abstirbt, so wachsen mehrere neue Holzgewächse in die Höhe und schließen eine jede Lücke im Wald binnen weniger Jahre.

Pflanzen wachsen nicht nur immerzu, vergrößern die Mengen an organischen Stoffen auf der Erde und versorgen sämtliche anderen Lebewesen mit Nahrung. Mit ihrer Syntheseleistung verändern sie auch den Charakter von Ökosystemen unaufhörlich. In ihnen besteht weder ein «biologisches Gleichgewicht» noch ein «ökologisches Gleichgewicht». Der Eindruck eines Gleichgewichts in Ökosystemen kann nur dann entstehen, wenn man vor allem die in ihnen lebenden Tiere betrachtet, die Pflanzen aber vernachlässigt: Wenn eine Tierart A sich stark vermehrt hat, kann eine Tierart B, die sich von Tierart A ernährt, reichlich Beute machen und sich ebenfalls vermehren. Dann wird aber Tierart A, die Beute, schließlich stärker dezimiert, und mit etwas zeitlicher Verzögerung wird die Nahrung auch für Tierart B wieder so knapp, dass auch diese Tierart dezimiert wird. Man kann sich ein Gleichgewicht vorstellen, in dem sich die Populationsgrößen der erbeuteten Tierart und der Beute machenden Tierart auf jeweils gleichen Niveaus einpendeln. Sobald aber Pflanzen als Elemente des Ökosystems richtig wahrgenommen werden, kann man von einem Gleichgewicht nicht sprechen. Denn die Pflanzen wachsen immer, Tiere fressen nur Teile von ihnen, so dass die Biomasse im Ökosystem nicht gleich bleibt, sondern unter dem Einfluss der Pflanzen insgesamt zunimmt. Die Pflanze produziert ständig, daher kann sie genutzt werden, und die Biomasse bleibt trotzdem gleich. Das ist die biologische Grundlage von Nachhaltigkeit, nicht das Einhalten des biologischen Gleichgewichts!

Es kann gar nicht verhindert werden, dass die sich ansammelnde organische Substanz ein Stillgewässer immer flacher werden lässt. Es ist das Schicksal jedes Sees, dass er schließlich verlandet. Damit verschwinden die Lebensmöglichkeiten für sämtliche Lebewesen, die im oder am Wasser leben. Für sie gibt es kein Gleichgewicht, wenn ihr Lebensraum verschwindet. Das gilt auch für einen flachen Strandsee, der am Anfang dieses Buches immer wieder als Beispiel gewählt wurde. Böden verändern sich durch Vegetation, indem sie versauern und indem ihnen Mineralstoffe entzogen werden. Wälder schließen sich, und wenn ein Wald entstanden ist, bleibt es nicht dabei, denn er wird sich immer weiter ausbreiten.

Alle Ökosysteme, die in ihrer heutigen Ausprägung auf einer Vegetationskarte dargestellt sind, bleiben nicht als Konstanten bestehen. Vielmehr unterliegen sie ständiger Veränderung. Das gilt für die Vergangenheit ebenso wie für die Gegenwart, und das wird auch in Zukunft so sein. Es lässt sich kaum vorhersagen, in welche Richtung sich Ökosysteme entwickeln werden. Man meinte zwar, aus der heutigen Vegetation eine «Potentielle natürliche Vegetation» (PNV) ableiten zu können. Sie wurde als diejenige Vegetation verstanden, die sich einstellen würde, wenn menschlicher Einfluss auf Ökosysteme jetzt unmittelbar beendet worden wäre. Aber die Überlegungen dazu sind reine Spekulation und beruhen nicht auf einer naturwissenschaftlich korrekten Beobachtung. Eine «Potentielle natürliche Vegetation» kann es schon deswegen grundsätzlich nicht geben, weil man sie sich als stabil vorstellt. Und eine stabile Vegetation, die in einem Gleichgewicht besteht, wird niemals existieren können.

Der Beweis dafür, dass sich Ökosysteme in einem permanenten Wandel befinden, kann übrigens geführt werden, und zwar durch ein Pollendiagramm, das man aus der Untersuchung von Torf und Seeablagerungen gewinnt. In die wachsenden Sedimente von Seen und Mooren werden alljährlich große Mengen an Pollenkörnern vom Wind eingetragen. Die Pollenkörner werden dort abgelagert und bleiben – gut konserviert – in den Schichten des Moores erhalten. Da sie in jedem Jahr herbeigeweht und in einem wachsenden Sediment deponiert werden, bildet sich eine Stratigraphie der Pollenkörner: In den untersten Schichten der Moore liegen die ältesten Pollenkörner, diejenigen in den oberen Schichten wurden erst in späterer Zeit abgelagert. Sie werden im dauernd feuchten Milieu nicht zersetzt, und die Strukturen auf den Oberflächen der Pollenkörner bleiben völlig unversehrt erhalten, so dass man sie auch nach Jahrtausenden unter dem Mikroskop noch erkennen und einer Pflanzenart oder einer Gruppe von Pflanzenarten zuordnen kann. Wenn man im Moor von oben nach unten ein Profil entnimmt, in dem Torf und Pollenkörner enthalten sind, erkennt man nach der Durchführung eines bodenchemischen Aufschlusses der Proben im Labor und bei der anschließenden mikroskopischen Untersuchung, welche Pflanzenarten in früherer Zeit in welchen Mengen in der Umgebung eines Moores gewachsen sind und wie der Wandel das Ablagerungsgeschehen determinierte. Schicht für Schicht werden in mühsamer Kleinarbeit die Pollenkörner bestimmt und nach Arten getrennt gezählt. Man berechnet dann die Prozentanteile einzelner Pollentypen und trägt sie in einem Pollendiagramm auf.

Daraus kann man die Entwicklung der Vegetation von unten nach oben ablesen, die sich in genau der gleichen Zeit stetig veränderte, in der die Mächtigkeit des Torflagers zunahm. Tatsächlich: In keiner Schicht des Pollendiagramms gab es genau die gleiche Zusammensetzung des Pollenniederschlags als Spiegel der Vegetation rings um das Moor.

Leider übersah man in den über einhundert Jahren, die man nun diese Methode anwendet, immer wieder diese grundsätzlich wichtige ökologische Information. Man ging, ohne das beweisen zu können, von der Annahme aus, dass sich ein Ökosystem nicht verändert, sondern in einem Gleichgewicht befindet. Also – so meinte man – müsse man nach Ursachen dafür suchen, warum sich die Zusammensetzungen des Pollenniederschlages und der Vegetation veränderten. In den Seeablagerungen und Torfschichten, die gleich nach der letzten Eiszeit entstanden, konnte man die Geschichte der Ausbreitung verschiedener Gehölzarten gut erkennen. Offenland wandelte sich zu einem Waldland, in dem zunächst Birken und Kiefern wohl erst in einer strauchigen Wuchsform, dann auch in Baumgestalt dominierten. In dieser Zeit entstanden nicht nur die ersten Wälder seit der Eiszeit, sondern es wandelten sich auch die Böden des Offenlandes zu Waldböden. Wenn sich Wälder und Böden im gleichen Sinn verändern, spricht man von einer Primärsukzession von Böden und Bäumen.

Später breiteten sich Eichen, Linden, Ulmen und Eschen aus, in manchen Gebirgen auch Fichten, in anderen Tannen. Erst dann spielte sich eine besondere Form von Entwicklung hin zum Buchenwald ab, und noch viel später kam die Hainbuche zu größerer Bedeutung. Diese Waldgeschichte, die man in Grundzügen in den Pollendiagrammen aus Mitteleuropa immer wieder erkannte, hat man als eine «mitteleuropäische Grundfolge der Waldentwicklung» gedeutet; als Hauptursache für die Schwankungen machte man schon bald die Klimaentwicklung aus. Als die Kiefer häufig war, müsste das Klima trockener gewesen sein, so schloss man, denn Kiefern wachsen auf trockenen, auch sandigen Böden, in denen Wasser rasch versickert, beispielsweise in Brandenburg. Als sich dann die verschiedenen Arten von Laubbäumen durchsetzten, mögen – so schloss man – die Niederschlagsmengen zugenommen haben, und man rekonstruierte für diese Zeit ein feuchtes, etwas wärmeres, vor allem wintermildes Klima, das Eichen und andere Laubbäume begünstigte. Man hielt die Zeit mit den Laubbäumen für die Phase des Wärmeoptimums in der Nacheiszeit und nannte sie «Atlantikum». Danach mag es kühler geworden sein, so dachte man, denn die Buche breitete sich aus, und sie gedeiht bei uns unter den Bedingungen eines geringfügig kühleren Klimas. Die Temperaturen sollen, so der Schluss, abgenommen haben, und daran, so meinte man, könne man erkennen, dass sich das Klima abkühle, so dass in nicht allzu ferner Zeit eine nächste Eiszeit beginne.

Heute gelingt beispielsweise auf der Basis von Isotopenuntersuchungen im grönländischen Inlandeis eine viel genauere Klimarekonstruktion der letzten Jahrtausende. Man übersah, dass die Zeitpunkte, zu denen der eine Vegetationstyp in einen anderen überging, stark voneinander abwichen. Die Ausbreitung der Buche in Mitteleuropa dauerte mehrere Jahrtausende lang und fand zu verschiedenen Zeitpunkten statt, so dass man von einer überwiegend klimatisch gesteuerten Vegetationsentwicklung nicht mehr ausgehen kann. Andere Ursachen müssen in Betracht gezogen werden.

Den Schlüssel dazu fand man durch eine enge Kooperation der mit biologischen Methoden durchgeführten Vegetationsgeschichte und der Archäologie oder Vor- und Frühgeschichte. Die Pollenanalyse war nämlich zu einer wichtigen Methode geworden, die Geschichte menschlicher Lebensräume zu untersuchen. Es gelang, Pollenkörner von Getreide zu identifizieren. Immer wieder wurden Nachweise von Getreidepollenkörnern in den Torfablagerungen der Moore entdeckt, als man Siedlungen in der Umgebung der Pollenprofile noch gar nicht kannte; Archäologen fanden diese aber in den meisten Fällen später. Nur durch eine archäologische Bodenuntersuchung gelingt eine genaue Lokalisierung einer Siedlung; beim Nachweis der Pollenkörner ist es nur möglich, festzustellen, dass in der Umgebung des Moores Getreide angebaut wurde, was bedeutet, dass eine Siedlung in der

Nähe des Getreidefeldes gelegen haben muss. Durch pollenanalytische Untersuchungen allein kann man die Siedlungen und Felder aber nicht genau lokalisieren, auf denen die Getreidepflanzen wuchsen.

Man kann nun aber auch erschließen, welche Vegetationsveränderungen die frühe Landnutzung in Mitteleuropa zur Folge hatte. Ein erster Hinweis auf eine menschliche Nutzung der Landschaft liefert eine Massenvermehrung an Pollenkörnern der Haselnuss in so gut wie allen mitteleuropäischen Pollendiagrammen. Sie lässt sich auf ein Alter von etwa 9000 Jahren datieren. Menschen mögen damals die Nüsse in den Boden gesteckt haben, und daraufhin vermehrten sich die Pflanzen massenhaft.

Älteste Pollenkörner von Getreide in den Torfprofilen aus Mitteleuropa haben ein Alter von etwas mehr als 7000 Jahren. Ins 6. Jahrtausend vor Christi Geburt sind auch die ältesten Siedlungen datiert, die von Ackerbau treibenden Menschen besiedelt worden waren und die von Archäologen ausgegraben wurden. Diese Siedlungen bestanden mutmaßlich nur für einige Jahrzehnte am gleichen Ort. Dann wurden sie aufgegeben und verlagert. Rodungen müssen am Anfang der Zeit ihres Bestehens gestanden haben. Dabei wurde Holz als Baustoff gewonnen. Man schuf Lichtungen, auf denen die Getreidefelder angelegt werden konnten, so dass die Körner im vollen Sonnenschein heranreiften. Meistens wird die Tatsache übersehen, dass sich bei der Aufgabe einer Siedlung und der dazu gehörenden Getreidefelder die Wälder erneut schlossen. Es kam also zu einer Sukzession der Vegetation vom offenen Land zum Waldland, die sich aber in einem wesentlichen Punkt von der Primärsukzession am Ende der Eiszeit unterschied: Es gab bereits Waldböden, auf denen nur für einige Jahrzehnte Getreide angebaut wurde, ohne dass sich diese wesentlich veränderten, bevor sich erneut Wald bildete. Eine solche Sukzession wird «Sekundärsukzession» genannt. In ihrem Verlauf kommt zuerst ein Birkenbewuchs auf. Unter den Birken können erneut Eichen wachsen. Es können aber auch Buchen zur Ausbreitung gelangen, denn die Lichtungen nach der Aufgabe des Ackerbaus waren attraktiv für pflanzenfressende Tiere, die dort verstreute Getreidekörner und die Kräuter der Schlagflur fraßen. Sie brachten Eicheln und Bucheckern mit. Eichen und Buchen wuchsen zunächst gemeinsam auf den Flächen, dann setzten sich aber die Buchen durch: Unter Buchen ist es zu schattig für ein Wachstum von Eichen, während Buchen auch unter Eichen in die Höhe kommen können.

In manchen Gegenden dehnte sich das Imperium Romanum um Christi Geburt aus. Die römische Besiedlung war längerfristiger als diejenige der vorausgegangenen Jahrtausende. Siedlungen wurden nach Rodungen gegründet, aber in der Regel nicht mehr aufgegeben. Es kam auch zu langfristigen Investitionen in Pflanzenbestände: Die Römer legten Weinberge an und pflanzten Obstbäume. Weiter im Norden in Mitteleuropa entstanden dauerhafte Siedlungen nach dem gleichen Muster erst im Mittelalter. Weil einmal gerodete Flächen nicht wieder aus der Nutzung genommen wurden, gab es keine Sekundärsukzessionen mehr. Die Buche konnte sich nicht mehr weiter ausbreiten. Die nördlichen Grenzen ihres Wuchsgebietes sind diejenigen, bis zu denen der Baum sich bis zum Mittelalter angesiedelt hatte. Sie befinden sich im Südosten Englands, in Südskandinavien und ostwärts der Weichselmündung. Die Nutzung des Landes wurde langfristig intensiver, es herrschte also ein ganz anderes Landnutzungssystem als in vorgeschichtlicher Zeit. Die Buche wurde dezimiert, weil sie allzu intensive, langdauernde Nutzung nicht erträgt. Niederwälder wurden häufiger, in denen nach Holznutzung die Bäume aus den Stümpfen wieder austreiben. Eichen und die neu sich ausbreitenden Hainbuchen sind dazu besser in der Lage als Buchen.

Im Lauf der Jahrhunderte wurde der Wald immer weiter dezimiert, was in den Pollendiagrammen deutlich zu erkennen ist. Aber man kann noch weitere wichtige Tatsachen rekonstruieren. Im Lauf der Jahrtausende folgten nämlich mehrere Landnutzungssysteme aufeinander: Zuerst wurde der Wald noch nicht wesentlich dezimiert, und die Vegetationsentwicklung wurde durch den Menschen lediglich dadurch beeinflusst, dass er Haselnüsse in den Boden legte. In einem weiteren bereits durch Ackerbau geprägten Landnutzungssystem wechselten Rodungen und Sekundärsukzessionen miteinander ab; die

Buche breitete sich aus. Im folgenden Landnutzungssystem wurde weiterhin gerodet, die Landnutzung wurde intensiviert, es gab aber keine Sekundärsukzessionen mehr. Die Buche wurde dadurch seltener, Eichen und Hainbuchen dagegen häufiger.

Wenn die Vegetationsentwicklung entscheidend auf die menschliche Nutzung und die verschiedenen Landnutzungssysteme zurückgeführt wird, lässt sich auch erklären, warum die einzelnen Phasen nicht zur gleichen Zeit ineinander übergingen. Das wäre nämlich der Fall, wenn vor allem die Klimaentwicklung und nicht die menschliche Nutzung auf die Vegetationsentwicklung Einfluss genommen hätte.

Unabhängig von dem Resultat, dass die Waldentwicklung stärker durch menschlichen Einfluss geprägt wurde als durch klimatische Entwicklung, bleibt als Ergebnis besonders hervorzuheben, dass sich in den Pollendiagrammen eine andauernde Dynamik der Vegetationsentwicklung widerspiegelt. Ein stabiler Zustand von Vegetation wurde niemals erreicht und wird auch in Zukunft nicht erreicht werden. Wenn das dennoch behauptet wird, ist das reine Spekulation und keine Erkenntnis, die auf naturwissenschaftlichen Fakten beruht.

19

Nachhaltige Nutzung

Im Abschlusskapitel dieses Buches möchte ich das Leben der Pflanzen noch unter einem anderen Gesichtspunkt als bislang betrachten. Beiläufig ist davon bereits einige Male die Rede gewesen, ohne dass der damit verbundene Gedanke aber ins Zentrum der Betrachtung rückte: Pflanzen ermöglichen dadurch, dass sie organische Substanz aufbauen, eine nachhaltige Nutzung und sogar eine nachhaltige Entwicklung, wenn wir sie richtig erkennen und dementsprechend handeln. Dies zeigt sich an einem Stück Kulturgeschichte, das in der Reformationszeit beginnt.

Das «Epitaph für Paul Eber» oder «Die Arbeiter im Weinberg des Herrn» von Lucas Cranach dem Jüngeren (1515–1586) ist ein berühmtes Gemälde aus der Mitte des 16. Jahrhunderts (siehe Tafel 10). Es hängt in der Stadtkirche von Wittenberg. Links im Vordergrund des Bildes wird der Konflikt unter den Arbeitern dargestellt, die sich ungerecht behandelt fühlen, weil sie für unterschiedlich lange Tätigkeit im Weinberg den gleichen Lohn erhalten sollen. Doch für Gott als den Herrn, dem der Weinberg gehört, spielt es keine Rolle, ob Menschen früh oder spät zum Christentum finden; Hauptsache ist, dass sie überhaupt zu gläubigen Christen werden. Im Hintergrund ist der Weinberg zu sehen, der zweigeteilt ist. Auf der rechten Seite pflegen Reformatoren die Reben; man erkennt unter anderem die Weggefährten Martin Luther (1483–1546) und Paul Eber (1511–1569). Sie sorgen nicht nur durch ihre Arbeit an den Reben für deren langfristige Bewahrung, sondern es ist auch der Zaun intakt, und der Brunnen als

Wasserquelle ist instandgesetzt. Das Pflegekonzept fehlt aber den Arbeitern auf der linken Seite, die von Lucas Cranach mit den Klerikern alten Schlages gleichgesetzt werden. Sie pflegen die Pflanzen nicht, sondern lassen sie verkommen und verwildern, sie sorgen nicht für den Zaun, zerschlagen ihn sogar. Der Brunnen ist nicht mehr nutzbar. Dargestellt ist damit eigentlich ein Konflikt, der seit Jahrhunderten immer wieder brodelt. Soll man die Pflanzen pflegen oder verwildern lassen und dabei in Kauf nehmen, dass sie der Vernichtung zum Opfer fallen? Am Ende des Mittelalters und in der frühen Neuzeit hatten die Holznutzung und die Zurückdrängung von Wäldern Ausmaße angenommen, die den Zeitgenossen bedrohlich zu sein schienen. Vor allem in den Bergbaugebieten war das der Fall: Man brauchte Unmengen an Holz, um Erz zu verhütten. Und in Mitteleuropa, unter anderem im Erzgebirge und im Harz, lagen die ergiebigsten Silberbergwerke der damaligen Welt. Der Ruf nach Reformen wurde lauter. Welche Reformen sollte man aber fordern? Bei der beherrschenden Rolle, die die Kirche damals spielte, mag die Reformation des Glaubens am naheliegendsten gewesen sein. Martin Luther kam aus einem Bergbaugebiet, in dem das Problem eines drohenden Holzmangels bekannt war.

Peter Stromer (1315–1388), ein reicher Nürnberger Kaufmann und Besitzer von Bergwerken, hatte 1368 erstmals – durch historische Dokumente belegt – Nadelholzsaaten im Nürnberger Reichswald ausgebracht. Damit stellte er die Holzversorgung der Hütten und metallverarbeitenden Betriebe in Nürnberg sicher. Stromers «Tännleinsäen» erregte Aufsehen. Bald begann man auch andernorts, Bäume zu säen oder zu pflanzen. Vielleicht hatte man dies sogar schon in früherer Zeit gemacht, nur waren diese Tätigkeiten nicht immer historisch dokumentiert worden.

Martin Luther griff in seinem umfassenden Wirken auch ein literarisches Thema auf, über das vom 16. bis zum 18. Jahrhundert immer wieder geschrieben wurde. Er verfasste das erste Werk der sogenannten Hausväterliteratur, in der die Frage behandelt wurde, wie man die Hauswirtschaft, die Bewirtschaftung der Wälder und agrarischer

Flächen verbessern könne. Explizit wird das Thema «Nachhaltigkeit» nicht genannt, aber man kann die Hausväterliteratur als Vorläufer des Nachhaltigkeitsgedankens ansehen – und dieser lässt sich auch im Bild von Lucas Cranach erkennen: Man hat die Wahl, ob man fortfahren will, Pflanzenbestände durch fehlende Pflege zu vernichten, oder sie durch Pflege zu bewahren.

Die Reformation fand unter anderem in den Bergbauregionen im Erzgebirge und im Harz, aber auch in einer bedeutenden Freien Reichsstadt wie Nürnberg viel Zuspruch, und es ist sicher nicht erstaunlich, wenn über das Thema Nachhaltigkeit im Umgang mit Wäldern zum ersten Mal im sächsischen Erzgebirge publiziert wurde. Hans Carl von Carlowitz (1645–1714) schrieb das berühmte Buch, in dem auf die Bedeutung einer nachhaltenden Bewirtschaftung von Wäldern eingegangen wurde, die «Sylvicultura Oeconomica oder Haußwirthliche Nachricht und Naturmäßige Anweisung zur Wilden Baum-Zucht». Carlowitz war kein Förster oder gar der «erste Förster», wie immer wieder behauptet wird, sondern Sächsischer Oberberghauptmann und damit Leiter der Bergamtes Freiberg – also ein hoher Verwaltungsbeamter, der für den Betrieb der Erzbergwerke im sächsischen Erzgebirge zuständig war. Sein Buch wurde 1713 in Leipzig publiziert, ein Jahr vor Carlowitz' Tod. Es handelt sich dabei um ein umfangreiches Werk, aus dem hier etwas länger zitiert werden soll, als das sonst üblich ist. Auf den Seiten 104 bis 106 ist zu lesen:

«Es ist aber auch bey dergleichen guten Vorsatz keine Zeit zu verlieren, natura progrediens semper multiplicatur per media. Das ist, weil die Natur ihre Vermehrung nicht anders als durch gewisse Mittel thut. Denn je mehr Jahr vergehen, in welchen nicht gepflantzet und gesäet wird, je langsamer hat man den Nutzen zugewarten, und um so viel tausend leidet man von Zeit zu Zeit Schaden, ja um so viel mehr geschicht weitere Verwüstung, daß endlich die annoch vorhandenen Gehöltze angegriffen, vollends consumiret, und sich je mehr und mehr vermindern müssen. Cum labor in damno est crescit mortalium egestas D. i. Wo Schaden aus unterbliebener Arbeit kömmt, da wächst der Menschen Armuth und Dürfftigkeit. Es lässet sich auch der Anbau des Holtzes nicht so schleunig wie der Acker-Bau tractiren; Denn ob gleich in zwey, drey oder mehr Jahren nach einander ein Mißwachs beym letztern sich ereignen solte, so kann hernach ein einzig gesegnetes und fruchtbares Jahr, gleich wie bey dem Wein-Wachs, alles wieder einbringen; da hingegen wenn das Holtz einmahl verwüstet, so ist der Schade in vielen Jahren, sonderlich was das grobe und starcke Bau-Holtz anbelanget, ja in keinem seculo zu remediren, zumahl in zwischen sich allerley vicissitudines Rerum und Veränderungen begeben können. Gestalt ein Hauß-Wirth es befördert und bauet, der andere hingegen versäumet und wohl gar verwüstet, was etliche Jahr gebessert worden; und überhaupt zu reden wo aus dem Verzug einige Gefahr zu besorgen und der daraus entstehende Schade unwiederbringlich, da muß man keine Zeit versäumen, und also man das Baum-Säen und Pflantzen eiligst zur Hand nehmen, alldieweil eine lange Zeit erfordert wird, ehe die wilden Bäume zu gebührender Höhe, Stärcke und Nutzen können gezogen werden, zumahl da wir bereits erwehnet, ja ausser allen Zweiffel ist, daß die wunder-volle und schöne Gehöltze bisher der größte Schatz vieler Länder gewesen sind, so man vor unerschöpfflich gehalten, ja man hat es unzweifflich vor eine Vorraths-Kammer angesehen, darinne die meiste Wohlfarth und Aufnehmen dieser Lande bestehen, und so zusagen das Oraculum gewesen, daß es ihnen an Glückseligkeit nicht mangeln könte, indem man dadurch so vieler Schätze an allerhand Metallen habhafft werden könte; Aber da der unterste Theil der Erden sich an Ertzten durch so viel Mühe und Unkosten hat offenbahr machen lassen, da will nun Mangel vorfallen an Holtz und Kohlen dieselbe gut zu machen; Wird derhalben die gröste Kunst, Wissenschaft, Fleiß, und Einrichtung hiesiger Lande darinnen beruhen, wie eine sothane Conservation und Anbau des Holtzes anzustellen, daß es eine continuirliche beständige und nachhaltende Nutzung geben, weiln es eine unentbehrliche Sache ist, ohne welche das Land in seinem Esse nicht bleiben mag. Denn gleich wie andere Länder und Königreiche, mit Getreyde, Viehe, Fischereyen, Schiffarthen, und andern von Gott gesegnet seyn, und dadurch erhalten werden; also ist es allhier das Holtz, mit welchem das edle Kleinod dieser Lande der Berg-Bau nehmlich erhalten und die Ertze zu gut gemacht, und auch zu anderer Nothdurfft gebraucht wird.»

Wichtig ist es, die Situation zu beachten, von der Carlowitz auszugehen hatte. Auf den Flächen, um die man sich kümmern musste, waren Wälder bereits durch übermäßige Nutzung zerstört oder stark geschädigt. Grundsätzlich bestehen dann die beiden Möglichkeiten, die auch auf dem Bild von Lucas Cranach dem Jüngeren sichtbar sind: Man kann die Wälder (oder die Weinberge) weiterhin vernachlässigen, oder man kann sie aufbauen. Das war bei Carlowitz kein ökologisches Ziel. Vielmehr musste er sich um die Wälder kümmern, weil mit Holz Erz geschmolzen werden sollte, das durch den Bergbau gewonnen wurde. Es ging also im Zentrum um die Behandlung eines Problems der Ökonomie, ohne dessen Lösung die Zukunft eines bedeutenden Wirtschaftszweiges in Frage gestellt war.

Eingangs ist in dem zitierten Text zu lesen, dass seinem Verfasser durchaus klar war, dass die Natur sich verändert, dass also Bäume wachsen. Man kann davon so bald wie möglich profitieren. Holz wird als ein Segen Gottes angesehen; die von Carlowitz gewählten Worte könnten genauso gut auch in einem der zahlreichen zeitgenössischen Traktate der Hausväterliteratur geschrieben sein. Der «Hauß-Wirth» hat die Wahl: Er entscheidet darüber, ob er das Holz anbaut und fördert oder ob er es vernachlässigt oder gar verwüstet. Die Pflanze ist willenlos, wächst aber immer weiter, wenn man sie nicht daran hindert. Die Menschen jedoch sind «wollend», sie entscheiden über Pflege oder Nichtpflege, und nur sie können die Pflege in die Hand nehmen. Carlowitz war vor allem die Einsicht wichtig, dass ein langfristiger Bestand der Wälder zu sichern war, um ein «Sein» oder ein «Esse», wie es im Zitat genannt wird, also einen Zustand des Landes und seiner Wälder, zu bewahren.

Um dieses Ziel praktisch zu verwirklichen, musste also aufgeforstet werden. Wälder, die früher einmal geschlagen worden waren, mussten durch Neupflanzungen ersetzt werden. Neu gepflanzte Wälder sind keine natürlich zusammengesetzten Wälder, aber sie ermöglichen eine Vergrößerung und schließlich eine Stabilisierung des Holzvorrats auf einem möglichst hohen Niveau. Bei der Bewirtschaftung künstlich begründeter Wälder oder Forsten achteten die Förster im Idealfall künftig darauf, dass ihr Holzvorrat niemals abnahm.

Man kann sich dies in der Theorie so vorstellen: Auf einer Waldfläche wachsen hundert Bäume, die hundert Jahre alt werden und in jedem Jahr – letztlich als eine Auswirkung der Fotosynthese – einen zusätzlichen Jahresring bekommen. Eine nachhaltige Bewirtschaftung ist dann noch immer gegeben, wenn man jedes Jahr einen Baum entnimmt und durch einen jungen Baum ersetzt. Dann bleibt der Holzvorrat stets gleich groß. In der forstlichen Praxis wird man nicht nur einen einzigen Baum pflanzen, sondern mehrere und den Wald später auslichten, aber erst wenn man weiß, dass mindestens einer der neu gesäten oder gepflanzten Bäume sich erfolgreich etabliert hat. Und man kann, wie es in der Forstpraxis geschah und geschieht, auch noch weitere Aspekte berücksichtigen, die in einem sogenannten Nachhaltigkeitsdreieck enthalten sind: Man hat dabei an ökologische Aspekte (beispielsweise die Baumartenwahl), ökonomische Aspekte (größtmögliche Effizienz beim Holzwachstum) und sozioökonomische Aspekte (Berücksichtigung der Erholungsfunktion des Waldes) zu denken, wird aber nicht wesentlich von dem vorrangigen Ziel abweichen müssen und dürfen, den Holzvorrat mindestens konstant zu erhalten, damit dieser auch langfristig, das heißt, von jetzigen und künftigen Generationen, genutzt werden kann. Parallel zum Anwachsen des Holzvorrats nimmt immer auch die Konzentration an Kohlendioxid in der Atmosphäre ab, und der Sauerstoffgehalt der Atmosphäre steigt.

Eine der Gegenden, in denen die Idee von Nachhaltigkeit zuerst aufgegriffen wurde, war der hohe Harz. Das lag nahe, denn in den Bergbauregionen Erzgebirge und Harz wurde jahrhundertelang viel kooperiert, nicht nur beim Bergbau und der Verhüttung, sondern auch in der Forstwirtschaft. In den welfischen Fürstentümern Calenberg und Braunschweig-Wolfenbüttel war bereits 1680 ein für damalige Verhältnisse sehr genaues Kartenwerk entstanden, in dem eine Inventur des «Kommunionharz» gegeben wurde. Die «Kommunion» bestand deswegen, weil zwei von Verwandten regierte Fürstentümer daran gemeinsam beteiligt waren.

Der in Braunschweiger Diensten stehende Forst- und Oberjägermeister Johann Georg von Langen (1699–1776) befasste sich sehr erfolgreich mit der nachhaltigen Waldnutzung im Harz, und zwar auch von der praktischen Seite her. Sein Dienstherr, Christian Ernst zu Stolberg-Wernigerode (1691–1771), der längere Zeit Geheimer Rat am Hof seines Cousins König Christian VI. (1699–1746) von Dänemark war, vermittelte, dass Johann Georg von Langen von 1737 bis 1742 in Kongsberg in Norwegen wirkte; das Land gehörte damals zu Dänemark. Dort befassten sich seit dem 17. Jahrhundert Bergleute, die man aus dem Erzgebirge und dem Harz angeworben hatte, mit dem Abbau von Silbererz – nach Bergordnungen ihrer alten Heimat. Im 18. Jahrhundert entstand das gleiche Problem wie in den deutschen Bergbaugebieten: es drohte Holzmangel. Johann Georg von Langen richtete eine nachhaltige Holzversorgung für die Hüttenwerke ein und kehrte dann, um zahlreiche Erfahrungen im Umgang mit Fichtenbeständen bereichert, nach Deutschland zurück.

Dort setzte er sich zunächst für den Abbau von Torf im hohen Harz ein, eines Rohstoffes, der ebenfalls durch die Ansammlung an pflanzlicher Materie entstanden war, allerdings in früherer Zeit als das Holz der Wälder. Man hatte die Möglichkeit, auch Torf zu verfeuern, um Erz zu schmelzen, und dabei ließen sich die Waldbestände schonen. Danach war Johann Georg von Langen wieder mit Aufforstungen befasst, und zwar im Solling, der ebenso wie Teile vom Harz zum Fürstentum Braunschweig gehörte. Waldbestände wurden, genauso wie es aus Carlowitz' «Sylvicultura» hervorgeht, nicht in erster Linie deswegen künstlich gesät und gepflanzt, um die «Natur der Wälder» wiederherzustellen, sondern um zusätzliches Gewerbe anzusiedeln. 1744 wurde die Glashütte Grünenplan gegründet, in der Spiegelglas hergestellt wurde, 1747 folgte die Porzellanmanufaktur in Fürstenberg an der Weser. Beide Betriebe benötigten erhebliche Mengen an Holz zum Schmelzen der jeweiligen Rohstoffe. Von Langen forstete mit Fichten auf, mit einer Baumart, die im Solling nicht natürlicherweise verbreitet war; 1755 empfahl er, diese Baumart bei der Aufforstung vorrangig zu verwenden. Dieser Rat wurde in den folgenden Jahrhunderten nicht nur in Deutschland vielfach befolgt. Die Fichte wuchs rasch, und sie lieferte qualitätvolles Holz. Immer wieder wurde sie aber hinter Laubbäumen versteckt, die man für dekorativer hielt.

Die um 1750 unter Johann Georg von Langen gepflanzten Eichenalleen über den Solling haben sich bis heute erhalten. Dass es auch Nachteile der Fichtenaufforstung gab, wissen wir heute, aber im 18. Jahrhundert konnte man das nicht ahnen. Die Schaffung von Monokulturen der Fichte führte zur Massenausbreitung des Borkenkäfers, eine der sicher wichtigsten Ursachen für die Schäden in den Fichtenbeständen. Weil Borkenkäfer aber überwiegend dicke, alte Fichtenstämme befallen, hätte man die Bäume vielleicht schon früher fällen, nutzen und ersetzen müssen. Niedrige Holzpreise ließen das nicht als ökonomisch vernünftig erscheinen.

Zurück ins 18. Jahrhundert: In den folgenden Jahren entwickelte sich der Brauch, an Weihnachten eine Fichte als «Tannenbaum» aufzustellen. Beim Aufforsten mit Fichten säte und pflanzte man zunächst mehr Bäume, als in die Höhe kommen konnten. So war man gezwungen, die Fichtenbestände auszulichten, wenn die Bäumchen etwa mannshoch geworden waren. Sie verwendete man als Weihnachtsbäume. Eine frühe Nachricht davon stammt aus Johann Wolfgang von Goethes «Leiden des jungen Werthers» von 1774:

«An eben dem Tage, es war der Sonntag, vor Weihnachten, kam er (Werther) Abends zu Lotten, und fand sie allein. Sie beschäftigte sich, einige Spielwerke in Ordnung zu bringen, die sie ihren kleinen Geschwistern zum Christgeschenke zurecht gemacht hatte. Er redete von dem Vergnügen, das die Kleinen haben würden, und von den Zeiten, da einen die unerwartete Oeffnung der Thüre, und die Erscheinung eines aufgepuzten Baums mit Wachslichtern, Zukkerwerk und Aepfeln, in paradisische Entzükkung sezte.»

So kam es, dass die Reformation Martin Luthers, die Idee der nachhaltigen Bewirtschaftung von Wäldern, die Aufforstung mit Fichten und der Weihnachtsbaum weltweit zu typisch deutschen Exportgütern wurden. Das blieb nicht auf protestantische Kreise beschränkt. Noch im 18. Jahrhundert griff die katholische Gegenreformation alle genannten Reformen auf, mit Ausnahme der Reformation Martin Luthers. In Oberbayern, in den habsburgischen Landen, im Allgäu und in Oberschwaben, auch im Schwarzwald setzten intensive Aufforstungen als Teil eines umfangreichen Landmodernisierungsprozesses ein, bei dem Prinzipien der nachhaltigen Waldbewirtschaftung und die Aufforstungen mit Fichten eingeführt wurden. Martin Gerbert (1720–1793), Fürstabt von Sankt Blasien, ging gegen die Abholzung von Wäldern im Schwarzwald vor, deren Bäume zuvor jahrhundertelang in Massen zum Rhein hinunter getriftet und geflößt worden waren, und ließ quadratkilometerweise Flächen mit Fichten aufforsten. Um den Menschen, die zuvor als Holzknechte gearbeitet hatten, einen neuen Lebensunterhalt zu ermöglichen, gründete er die Brauerei von Rothaus. Die Bauern mussten Gerste anbauen und liefern, der Trester wurde in einem benachbarten Bauernhof an die Schweine verfüttert. Bis heute bekannt ist die Biermarke «Rothaus Tannenzäpfle» mit dem Symbol der Zapfen, die in Wirklichkeit von der Fichte stammen. 1805, nur wenige Jahre nach dem Beginn der Landreformen und Aufforstungen, beschrieb Johann Peter Hebel (1760–1826) in seinem Alemannischen Gedicht «Die Mutter am Christabend», wie sie für ihr Kind den Christbaum schmückt. Natürliches Wachstum, wirtschaftliche Ziele und kulturelle Absichten waren also auch hier miteinander verknüpft.

Das zeigte sich auch an einem anderen Beispiel dafür, wie man sich die Vermehrung organischer Substanz durch Pflanzen bei der Bewirtschaftung eines Lebensraumes zunutze machte: Im Schlickwatt an der Nordseeküste, dem produktivsten Ökosystem der Erde, wuchsen Sedimente durch die enorme Fotosyntheseleistung von Algen, vor allem von Diatomeen. Durch verbesserte Verfahren der Neulandgewinnung, etwa durch den Bau von Lahnungen, konnte mehr Land gewonnen werden. Auch war es notwendig, Deiche und die Entwässerung des Landes zu verbessern. Trotz des Meeresspiegelanstiegs konnte neues Land gewonnen werden, vor allem in den Niederlanden, aber auch an der Deutschen Bucht. Die Sturmfluten des 20. Jahrhunderts forderten zwar immer noch zahlreiche Tote, aber die enormen Opferzahlen der Katastrophen von 1634 und 1717 waren nicht mehr zu beklagen. Auch hier konnte man eine nachhaltige Landnutzung dank der Fotosynthese von Pflanzen verwirklichen – und auch dank der Protestanten. Nirgendwo wurde weltweit so erfolgreich Land gewonnen wie in den Niederlanden und auch – mit etwas weniger Aufwand – in Deutschland.

Die Menschen waren sich kaum dessen bewusst, dass ihr Wohlstand, der sie nachhaltige Wirtschaftskonzepte anstreben ließ, immer mit dem Wachstum von Pflanzen in Verbindung stand. Das einzige konkrete Wachstum auf der Erde ist das Wachstum der Pflanzen. Die von ihnen aufgebaute organische Substanz ist die einzige Form von fester und stabiler Materie, die sich auf der Erde vermehren kann, synthetisiert einzig aus flüssigem Wasser und gasförmigem Kohlenstoffdioxid. Nur wenn es diese Zunahme an Materie in den globalen Ökosystemen gibt oder diese ermöglicht wird, kann ihnen auch Materie entnommen werden (was ökonomisch zweifelsohne notwendig ist).

Die Nutzung von Holz ermöglichte nicht nur den Bau von Häusern und die Gewinnung von Heizmaterial in der «Holzzeit» der Menschheit, die bis ins 19. Jahrhundert andauerte, sondern machte auch das Schmelzen von Erz, die Gewinnung von Glas, Keramik, Porzellan, Kalk, Salz und zahlreichen anderen Stoffen möglich. Die Möglichkeit, an tief unter der Erdoberfläche liegende Braun- und Steinkohle heranzukommen, beendete die Holzzeit. Aber auf den Ablauf der Fotosynthese geht auch die Bildung dieser Sedimente zurück; auch sie entstanden durch die Wirkung von Pflanzen, allerdings vor schier undenklich langer Zeit. Der Abbau von Kohle war nicht und ist niemals nachhaltig, denn ein in der Erde verborgenes Sediment geht verloren, verschwindet in Form von Wasser und Kohlenstoffdioxid auf der Erdoberfläche und in der Atmosphäre. Auch hier gibt es ein großes Aber: Die Verwendung von Kohle seit der Zeit der Industrialisierung ermöglichte es, gerade in den Industrieländern, vor allem in Deutschland und seinen Nachbarländern, Wälder neu aufzubauen, die heute zum großen Teil auf eine künstliche Schaffung im 19. Jahrhundert zurückgehen. Einen weiteren Innovationsschub ermöglichte die Gewinnung von Erdöl, ebenfalls ein pflanzliches Produkt, vor allem von Algen in flachen Meeresbuchten geschaffen, etwa nach Art der

Kieselalgen im Schlickwatt von heute. Aber auch die Förderung von Erdöl ist nicht nachhaltig, die Menge des Rohstoffs nimmt ab, und bei der Verfeuerung von Öl werden ebenfalls Wasser und Kohlenstoffdioxid freigesetzt.

Nicht nur in der Wirtschaft muss man sich darüber im Klaren sein, wie sehr Wachstum allgemein mit der Schaffung von organischer Materie durch Pflanzen zusammenhängt. Man soll die Wälder, weitere Pflanzenbestände und die Neulandgewinnung durch Algen nutzen, aber entscheidend wichtig für nachhaltige Nutzung ist die Schaffung weiterer neuer Bestände, die Aufforstung, das Pflanzen von Bäumen. Dieses Konzept gilt aber nur für solche Holzbestände, die künstlich begründet oder aber erheblich beeinflusst sind. Man muss es absetzen von der Behandlung von Wäldern, in denen sich eine ursprüngliche Biodiversität und Dynamik erhalten hat. Nachhaltigkeit, nachhaltige Bewirtschaftung oder andere ähnliche Ziele sind immer Ziele des wollenden oder handelnden Menschen. Menschen können sie beachten oder nicht. Aber in einen rein unter natürlichen Einflüssen stehenden Wald kann man sie nicht einführen. Dort sollen, so weit wie möglich, allein natürliche Entwicklungen herrschen – etwa in Tropischen Regenwäldern oder auch in unberührten Borealen Nadelwäldern. An sie ist bei der nachhaltigen Bewirtschaftung nicht gedacht, denn hier soll tatsächlich die Natur herrschen und eine Biodiversität sich ohne Einfluss des Menschen weiterentwickeln. Es ist zu hoffen, dass dies auch weiterhin gelingt, dass wir also diese Wälder nicht beseitigen, was zu einem großen Verlust an Biodiversität führen würde.

Der Begriff der Nachhaltigkeit wurde auf andere Bereiche des Lebens und des Handelns übertragen; er wurde zu einem Schlüsselbegriff des sogenannten Brundtland-Berichts der Vereinten Nationen, der in einem Gremium unter der Leitung der norwegischen Ministerpräsidentin Gro Harlem Brundtland erarbeitet und 1987 publiziert wurde. «Dauerhafte Entwicklung (oder Nachhaltige Entwicklung) ist Entwicklung, die die Bedürfnisse der Gegenwart befriedigt, ohne zu riskieren, dass künftige Generationen ihre eigenen Bedürfnisse nicht befriedigen können.» Das ist vom Prinzip her das Gleiche, was Hans Carl von Carlowitz bereits 1713 geschrieben hatte. Der Brundtland-Bericht ist aber keineswegs allein auf den Wald bezogen, sondern umfasst viele weitere Bereiche. Es ist nicht von einem Zustand der Nachhaltigkeit die Rede, sondern explizit von einer Entwicklung. Und der Bericht macht deutlicher, dass es um eine Generationengerechtigkeit geht, indem an die heutige Generation genauso wie an alle künftigen Generationen zu denken ist.

Dabei fällt den Pflanzen eine ganz besonders wichtige Rolle zu. Das wird deutlich, wenn man zunächst bei dem forstlichen Nachhaltigkeitsbegriff von 1713 bleibt. Denn allein die Pflanzen entwickeln sich, wachsen, mit der Möglichkeit, sie in einer Weise zu nutzen, dass die in ihnen gespeicherte organische Materie und die Zusammensetzung der Atmosphäre erhalten bleiben. Nur dadurch, dass Pflanzen wachsen, können wir sie auf eine Art und Weise nutzen, dass gleiche Mengen an organischer Materie erhalten bleiben – und wir dennoch eine Nutzung dieser organischen Materie betreiben können. Diese Nutzung von Pflanzen können wir nicht aufgeben, sie ist für Menschen und andere Organismen überlebensnotwendig. Wir brauchen organische Substanzen zur Ernährung, als Baumaterial, als Rohstoffe, als Brennmaterial. Und wir müssen darauf achten, dass die Menge an Kohlenstoffdioxid in der Atmosphäre nicht zunimmt. Wir müssen daher anstreben, dass Energie auf andere Weise umgewandelt wird als durch Verbrennung fossiler organischer Substanz. Und wenn Bäume notwendigerweise gefällt werden, muss auch notwendigerweise darauf geachtet werden, die gleiche Menge an Holz nachwachsen zu lassen, die durch die Holzentnahme den Ökosystemen entzogen wird.

Wegen der Zunahme an Materie durch Pflanzen kann es kein ökologisches oder natürliches Gleichgewicht geben. Noch einmal: Organische Substanzen vermehren sich durch das Wachsen der Pflanzen. Es ist der Antrieb für alles Leben auf der Erde. Aber es ist auch die Initiative der Menschen gefragt. Sie müssen entscheiden, wo ein Management notwendig ist, um nicht nur die ökonomische Potenz eines Pflanzenbestandes zu nutzen, sondern auch dessen Wachstum zu

Nachhaltige Nutzung

ermöglichen, etwa durch Aufforstung eines Waldes oder auch durch das Pflanzen eines einzigen Baumes. Das kann im eigenen Garten beginnen. Management ist aber auch oft notwendig, wenn es darum geht, Biodiversität zu erhalten. Das Spiel mit der Wildnis, das derzeit im Schutz von ehemals genutzten Gebieten unter vielen Menschen populär ist, kann gefährlich sein, kann viele Arten von Pflanzen und Tieren vernichten, Pflanzen von ehemaligen Viehweiden etwa oder den Neuntöter, einen Vogel, der nur dann Überlebenschancen in unserer Umwelt hat, wenn er seine Beute auf Dornen und Stacheln von Pflanzen aufspießen kann, die im Verlauf einer Sukzession in der Wildnis sang- und klanglos verschwinden. Wir müssen in solchen Fällen «vorsorgenden Naturschutz» betreiben. Auch das ist ein Wollen des Menschen: Pflanzenbestände müssen in einer Weise genutzt werden, bei der immer wieder Sekundärsukzessionen von Neuem beginnen können; durch Beweidung, Abholzen und anderweitige Nutzung von Flächen, die man anschließend eine Zeitlang in Ruhe lassen muss. Dann entwickeln sich in ihnen für eine gewisse Zeit ökosystemare Strukturen mit Orchideen und Schlehen, an denen beispielsweise Neuntöter leben können.

Wir brauchen Erkenntnisse und Entscheidungen darüber, in welche Ökosysteme man nicht eingreift, weil dort Natur alleine wirkt, das Wachstum der Pflanzen herrscht. Pflanzen- und Tierarten aber, die eine besonders große Bedeutung für die Kultur haben, sollte man vor der Wildnis bewahren.

Folgt man dem im Buch immer wieder anklingenden Schiller-Wort, so ist, was sein soll, klar unter den Lebewesen verteilt. Die Pflanze wächst, die Menschen sollen dies durch ihr Wollen, ihre Initiative ermöglichen, letztlich soll das Sein der Pflanzen aber auch das Sein der Menschen bestimmen: «Suchst Du das Höchste, das Größte? Die Pflanze kann es dich lehren: Was sie willenlos ist, sei du es wollend – das ists!»

Wie dieses Buch entstanden ist

Ein Bericht statt eines Nachworts
und eines Literaturverzeichnisses

Grundlagen dieses Buches sind Vorlesungen, die ich seit den 1990er Jahren für Studierende gehalten habe. Dabei war mir zunächst vor allem eine Ausgabe von «Strasburgers Lehrbuch der Botanik» eine Richtschnur, die ich bereits in meinem eigenen Studium benutzt hatte: D. v. Denffer, W. Schumacher, K. Mägdefrau und F. Ehrendorfer, «Lehrbuch der Botanik». 30. Auflage, Stuttgart 1971. Es entspricht nicht mehr dem heutigen Forschungsstand; damals hielt man Pilze beispielsweise noch für Pflanzen. Dann nutzte ich eine etwas neuere Auflage: P. Sitte, H. Ziegler, F. Ehrendorfer und A. Bresinsky, «Strasburger Lehrbuch der Botanik». 33. Auflage, Stuttgart, Jena, New York 1991. Später verwendete ich verschiedene Auflagen des heute viel benutzten Buches von N. A. Campbell, «Biologie». München und andere, z. B. die gemeinsam mit J. B. Reece verfasste 8. Auflage von 2008. Das Werk ist didaktisch hervorragend konzipiert, aber so unhandlich, dass ich es gelegentlich etwas despektierlich als «Ziegelstein» bezeichne. Es gibt mehrere dieser umfangreichen Lehrbücher, in denen angeblich «alles» an Inhalten enthalten ist, was man zum erfolgreichen Absolvieren eines Studiums braucht. Noch viel mehr Inhalte gibt es bei Wikipedia, das selbstverständlich jeder nutzt (ich auch). Aber bedauerlich ist bei einer solchen Präsentation des Wissens dennoch, dass man suggeriert bekommt, sämtliche Inhalte seien in den umfassenden Lehrbüchern und im Internet vorhanden und man brauche diese Informationen nur alle auswendig zu lernen, um ein Studium sehr gut zu absolvieren. Wie traurig wäre es, wenn es wirklich so wäre! Denn man muss doch Wissensinhalte immer wieder neu kombinieren, abwägen und bewerten. Darauf kommt es besonders an. Auch in einer Naturwissenschaft gibt es verschiedene Meinungen, die man beherzigen sollte. Sehr viel darüber gelernt, wie vorsichtig man formulieren muss, um Pflanzen und Tieren gerecht zu werden, habe ich bei der Mitarbeit an einem Unterrichtswerk für die Schule, das mittlerweile etwa 50 Bände umfasst und unter dem Namen «Biosphäre» seit 2012 in Berlin erscheint. Aus dem gesamten Team möchte ich vor allem die langjährige Kooperation mit Karl-Wilhelm Leienbach, Münster, hervorheben, dem ich sehr viel verdanke.

Was ist die aktive Rolle von Lebewesen? Was ist passiv? Was bedeutet es, dass die Pflanze «wächst»? Ganz im Sinne des Buches ist das kurze Gedicht Friedrich Schillers, das meine Mutter vor Jahrzehnten einmal von ihrer Patin Annie Peters als Schriftblatt erhielt, geschrieben von Lorelotte Wolter. Abgedruckt ist das Gedicht in gängigen Ausgaben von Schillers Gedichten, in einer mir verfügbaren Ausgabe des Insel-Verlags im Band IV auf Seite 164, ohne Jahr und ohne Angabe des Herausgebers. Annie Peters war auch meine Patin. Zum Abitur schenkte sie mir von G. Grohmann, «Die Pflanze». 5. Auflage, Stuttgart 1975. Die anthroposophische Sicht auf das Thema hat mich sicher beeinflusst, wenn auch nicht immer explizit.

Immer wieder wurde das Deutsche Wörterbuch der Brüder Grimm zu Rate gezogen, wenn nach Worterklärungen gesucht wurde («Deutsches Wörterbuch». Leipzig 1854 ff. Neudruck München 1984).

Zu einzelnen Kapiteln seien hier weitere Bemerkungen und Zitate angefügt.

Kapitel 1: Mit der Idee der Pflanzenseele befasste sich H. W. Ingensiep («Geschichte der Pflanzenseele. Philosophische und biologische Entwürfe von der Antike bis zur Gegenwart». Stuttgart 2001).

Kapitel 5: Bereits im Studium und in einem von H. Schliemann geleiteten Sommerkurs der Studienstiftung des deutschen Volkes fand ich die Darstellungen von T. Dobzhansky und G. L. Stebbins zur Evolution sehr faszinierend, unter anderem: T. Dobzhansky, «Genetics and the origin of species». 3. Auflage, New York 1951; G. L. Stebbins, «Processes of organic evolution». Englewood Cliffs 1966.

Kapitel 12: Zitiert wurde aus Carl Ludwig Willdenow, «Anleitung zum Selbststudium der Botanik, ein Handbuch zu öffentlichen Vorlesungen». Berlin 1804, S. 24.

Kapitel 13: Der Text von Carl von Linné stammt aus: «Einteilung der Pflanzen», herausgegeben von Georg Wolfgang Friedrich Panzer. In: «Des Ritters Carl von Linné vollständiges Pflanzensystem. Erster Theil. Von den Palmbäumen und andern Bäumen». Nürnberg 1777. Abgedruckt in: H. und U. Küster (Hrsg.), «Garten und Wildnis. Landschaft im 18. Jahrhundert». München 1997, S. 77–79.

Wertvolle Hilfe zum Verständnis von Johann Wolfgang von Goethes Idee der Urpflanze und der Metamorphose der Pflanzen bekam ich durch die entsprechenden Kapitel im Buch von S. Bollmann, «Der Atem der Welt. Johann Wolfgang Goethe und die Erfahrung der Natur». Stuttgart 2021, S. 360–403. – Das Zitat aus Goethes «Metamorphose der Pflanze» fand ich in: E. Beutler (Hrsg.), «Johann Wolfgang von Goethe. Gedenkausgabe der Werke, Briefe und Gespräche, 17. Band. Naturwissenschaftliche Schriften, 2. Teil». Zürich 1952, S. 34. – Der Text von C. L. Willdenow stammt aus «Grundriß der Kräuterkunde». 5. Auflage, Berlin 1810, S. 27–29.

Kapitel 17: Mit Kulturpflanzen befasste ich mich bereits in einem früheren Buch (H. Küster, «Am Anfang war das Korn. Eine andere Geschichte der Menschheit». München 2013). – Von Paul Crutzen gibt es eine Aufsatzsammlung: P. J. Crutzen, «Das Anthropozän. Schlüsseltexte des Nobelpreisträgers für das neue Erdzeitalter». München 2019. – Eine andere Meinung vertritt J. Manemann («Kritik des Anthropozäns. Plädoyer für eine neue Humanökologie». Bielefeld 2014).

Kapitel 18: Auch zu Gewürzkräutern habe ich schon früher ein Buch geschrieben (H. Küster, «Kleine Kulturgeschichte der Gewürze. Ein Lexikon von Anis bis Zimt». München 1997). – Über Walahfrid Strabo siehe: H.-D. Stoffler, «Der Hortulus des Walahfrid Strabo. Aus dem Kräutergarten des Klosters Reichenau». Sigmaringen 1978. –

Lottlisa Behlings monumentales Werk ist: L. Behling, «Die Pflanze in der mittelalterlichen Tafelmalerei». 2. Auflage, Köln, Graz 1967. – Die Faszination der Menschen an Gärten und Blumen nach dem Dreißigjährigen Krieg beschreibt U. Grober («Paul Gerhardt in Berlin, Mittenwalde und Lübben 1642–1676». Frankfurt (Oder) 2018. – Zu Wörlitz siehe H. Küster und A. Hoppe, «Das Gartenreich Dessau-Wörlitz. Landschaft und Geschichte». München 2010. – Der Hinweis auf die späte erste Schaffung eines Bauerngartens stammt von H.-H. Poppendieck («Der erste Museums-Bauerngarten». Die Gartenkunst 4(1), 1992, S. 79–101).

In den letzten Kapiteln greife ich an mehreren Stellen Gedanken auf, die ich bereits in früheren Büchern ausgeführt habe, darunter vor allem in H. Küster, «Geschichte des Waldes. Von der Urzeit bis zur Gegenwart». München 1998. – H. Küster, «Der Wald. Natur und Geschichte». München 2019. – Die «Sylvicultura oeconomica» des Hans Carl von Carlowitz ist in einer Faksimileausgabe verfügbar: H. C. von Carlowitz, «Sylvicultura oeconomica. Hauswirthliche Nachricht und Naturmäßige Anweisung zur Wilden Baum-Zucht». Faksimile der Erstauflage, Leipzig 1713. Mit einer Einführung von J. Huss und F. von Gadow. Remagen-Oberwinter 2013. – Das viel beachtete Standardwerk zur Nachhaltigkeit verfasste U. Grober («Die Entdeckung der Nachhaltigkeit. Kulturgeschichte eines Begriffs». München 2010). – Die Forstkarten vom Harz wurden veröffentlicht in: B. Bei der Wieden und T. Böckmann, «Atlas vom Kommunionharz in historischen Abrissen von 1680 und aktuellen Forstkarten». Aus dem Walde 59. Hannover 2010. – Sophie Kaminski hat sich in ihrer Dissertation intensiv mit Fragen der Nachhaltigkeit und dem vielfältigen Wirken von Johann Georg von Langen auseinandergesetzt. Ich danke ihr für viele Diskussionen und Anregungen (S. Kaminski, «Die Idee der Nachhaltigkeit und die Landschaft des 18. und 19. Jahrhunderts am Beispiel des südlichen Raums Hildesheim». Göttingen 2020).

★

Wie dieses Buch entstanden ist

Meine Mutter Ulla Küster, eine große Pflanzenliebhaberin, hatte die Idee, die Zeilen von Friedrich Schiller zu einem Leitgedanken des Buches zu machen; und sie hat mit großer Anteilnahme den Fortgang meines Schreibens verfolgt. Alle Menschen zu nennen, die mir Anregungen zu diesem Buch gegeben haben, ist unmöglich. Durch die Jahrzehnte hindurch waren es zahlreiche Lehrer, Kollegen, Studierende, Examenskandidaten, Freunde. Für vielfache Hilfe bei der Fertigstellung des Buches danke ich Stefan Bollmann und Angelika von der Lahr vom Lektorat des Verlages C.H.Beck sowie den Verlegern Wolfgang und Jonathan Beck für alle langjährige Unterstützung.

Sehr schön war es, dieses Buch vor allem in einer Jahreszeit geschrieben zu haben, in der man sich besonders freut, Pflanzen wachsen zu sehen. Das stärkte die Erkenntnis über das Wesen der Pflanze. Wir Menschen können sie nur säen, pflanzen, pflegen, damit sie wachsen kann: willenlos.

Bildnachweis

Innenteil

Seite 19: https://commons.wikimedia.org/wiki/File:Cork_Micrographia_Hooke.png | Seite 58: https://commons.wikimedia.org/wiki/File:Zimmer man_proces.png | Seite 62: https://commons.wikimedia.org/wiki/File: Root_Tip_Anatomy.png | Seite 70: nach: Anke Brennecke, Jorge Groß, Hansjörg Küster u. a.: «Biosphäre − Ökologie, Sekundarstufe II», Cornelsen Verlag, Berlin 2012, S. 125 | Seite 77: https://commons.wikimedia.org/wiki/ File:Phloem.jpg | Seite 84: https://commons.wikimedia.org/wiki/File: Stamm.svg | Seite 88: https://commons.wikimedia.org/wiki/File:Laubblatt-Aufbau.svg | Seite 89: https://commons.wikimedia.org/wiki/File:Blattquer schnitt.jpg | Seite 90: https://commons.wikimedia.org/wiki/File:Opening and Closing of Stoma.svg

Tafelteil

Tafel 1, 3−5, 8: Hansjörg Küster | Tafel 2: https://commons.wikimedia.org/ wiki/File:Cooksonia_sp._-_Muse.jpg | Tafel 6: https://wikipedia.org/wiki/ Große_Klette#/media/Datei: ArctiumLappa3.jpg | Tafel 7: ullstein bild − imageBROKER/O. Diez | Tafel 9: https://commons.wikimedia.org/wiki/ File:Zonobiome.png | Tafel 10: akg-images | Tafel 11: https://commons. wikimedia.org/wiki/File:Upper_Rhenish_Master_-_The_little_Garden_of_ Paradise_-_Google_Art_Project.jpg

Register